建筑给水排水水力学的图算法

夏远斌　刘东椿　刘广慧　编著

中国建筑工业出版社

图书在版编目（CIP）数据

建筑给水排水水力学的图算法/夏远斌，刘东椿，刘广慧编著．—北京：中国建筑工业出版社，2005
ISBN 7-112-07685-4

Ⅰ．建… Ⅱ．①夏…②刘…③刘… Ⅲ．①建筑-给水工程-水力学-算图法②建筑-排水工程-水力学-算图法 Ⅳ．TU82

中国版本图书馆 CIP 数据核字（2005）第 086074 号

本书用图算法简化了给水排水设计手册、水力学教材和建筑结构中的一些计算，连带介绍的三种高次方程图算法具有通用性。这些算法及绘图方法对许多专业人员有指导作用。

本书算法简捷易懂，可与参考文献对照，适合土建、水利、给水排水专业技术人员和大专院校师生参考。

* * *

责任编辑：田启铭 石枫华
责任设计：刘向阳
责任校对：刘 梅 王金珠

建筑给水排水水力学的图算法
夏远斌 刘东椿 刘广慧 编著

*

中国建筑工业出版社出版、发行（北京西郊百万庄）
新 华 书 店 经 销
北京富生印刷厂印刷

*

开本：787×1092毫米 1/16 印张：9 字数：218千字
2005年9月第一版 2006年2月第二次印刷
印数：2501—4500册 定价：16.00 元
ISBN 7-112-07685-4
（13639）

版权所有 翻印必究
如有印装质量问题，可寄本社退换
（邮政编码 100037）
本社网址 http://www.china-abp.com.cn
网上书店 http://www.china-building.com.cn

前　言

　　工程计算中经常遇到高次方程或超越方程，无法迅速求解，往往采用试算法。水力学教材、给水排水设计手册和建筑结构计算中的试算问题尤其多见。本书选其常用的一些试算题，用图算法加以简化，还对有些内容作了探讨和补充。连带介绍的三种高次方程图算法具有通用性。这些算图可供应用，其思路和绘制方法对读者将有所启迪。

　　图算知识不深，具有中学文化知识的读者就可研读。图算误差通常不超过1%，还可以继续提高答案精度。本书力求以理论衔接、主体创新和例题验证的论述方式体现科技论文特点。

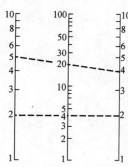

　　算图以往称为诺模图。图算学研究把公式、方程及表格数据绘成有标尺的图形，在图上画线求解。它可以使一些复杂计算变成容易掌握的图上作业，从而节省时间。图算学创始人——法国奥根氏于1884年首先提出用三条平行的有对数分度的直线表示乘法：两边直线为乘数，在两乘数之间任意画一直线，交中间直线的一点就是积，见左图。由此发展成为应用数学的一个分支——图算学。图算的独特优点使其具有持久的生命力，在许多科技领域发挥作用。电算能促进算图绘制和应用，但不能完全取代图算，正如汽车不能淘汰自行车一样。

　　世界上许多科技发达的国家都重视图算，我国的图算和电算一样都在不断发展。早在上世纪30年代，水利专家李仪祉率先翻译诺模学时，苦于得不到合适译名，乃以译音代之。建国前，茅以升、罗河、赵仿熊、孙克定等学者都曾在各校讲授诺模学。罗河教授1953年出版《图算原理》一书，系统而详尽地阐述算图的绘制原理与方法，并首次仿照珠算的名称取名图算，得到公认。

　　党的十一届三中全会带来了科学的春天。1982年春天在广州召开首届图尺算大会，茅老以升作了"图算如下棋，可以启发智慧"的精辟报告，给图算研究工作以极大的倡导与推动。同年秋天，在天津图算学研讨会上，全国100多位代表欢聚一堂，罗河教授在开幕词中号召志同道合者把我国图算科技推向新阶段。1984年10月在青岛召开图算学百周年全国纪念会，茅老在报告中提出了殷切希望。会议商定在青岛筹建全国图算学培训中心。随后上海、大庆、北京也成立了图算学研究会。

　　1991年10月，在青岛召开第4次全国图算学术交流会，全体代表首先向已故著名科学家茅以升和罗河致哀，表达了同仁的深切怀念。接着，1994年在上海，1997年在大庆，2000年在北京，相继召开了图算学术研讨会。

　　本书几位编者有幸聆听了老前辈的教导，在学术交流中获益匪浅。罗老遗信鼓励着编者，试把各自在本专业的图算收获写出来交流，希冀达到抛砖引玉的效果。本书编写出版过程中，承蒙魏秉华、田启明、周虎城、蒋靖、刘光启、浦浩中、单余安、陈春平、刘兴平、姚立杰、王健和彭祥等同志帮助；90多岁的孙克定研究员还为本书寄来贺词：信息时代，各显其能，图算优势，实不可轻。编者在此一并致谢。

由于编者水平所限，书中难免存在缺点和错误，敬希读者批评指正。

编　者

于江苏大丰市阳光建筑公司

宅电：0515-3812909

目 录

1 建筑结构图算法

1.1 圆形截面受弯构件承载力图算法 ……………………………………………………… 1
　附：图 1.1 的绘制方法 …………………………………………………………………… 2
1.2 环形截面受弯构件承载力图算法 ……………………………………………………… 4
1.3 矩形截面对称配筋小偏心受压构件承载力图算法 …………………………………… 6
1.4 圆形截面偏心受压构件承载力图算法 ………………………………………………… 8
　1.4.1 $N/f_{cm}r^2=0\sim1$ 时的图算法（$\alpha=0.2\sim0.416$） ……………………………… 9
　1.4.2 $N/f_{cm}r^2=1\sim3.5$ 时的图算法（$\alpha=0.417\sim0.625$） …………………… 9
　1.4.3 $N/f_{cm}r^2=3\sim4$ 时的图算法（$\alpha=0.625\sim0.8$） …………………………… 12
　附：图 1.4-1～图 1.4-3 的绘制方法 …………………………………………………… 12
1.5 吴震东公式图算法——混凝土蓄热养护计算问题 …………………………………… 16
　附：图 1.5-2 及图 1.5-3 的绘制方法 …………………………………………………… 21

2 给水排水图算法

2.1 常用资料 ………………………………………………………………………………… 23
　2.1.1 钢管和铸铁管水力计算的图算法 ………………………………………………… 23
　2.1.2 钢管（水煤气管）水力计算的图算法 …………………………………………… 26
　附：图 2.1.2 的绘制方法 ………………………………………………………………… 26
　2.1.3 钢筋混凝土给水圆管（满流，$n=0.013$）水力计算的图算法 ………………… 29
　2.1.4 排水圆管（非满流）水力计算的图算法 ………………………………………… 29
　2.1.5 矩形断面暗沟水力计算 …………………………………………………………… 33
　2.1.6 梯形断面明渠水力计算 …………………………………………………………… 38
　2.1.7 防露层厚度图算法 ………………………………………………………………… 40
2.2 建筑给水排水 …………………………………………………………………………… 42
　2.2.1 二氧化碳灭火系统管道压力图算法 ……………………………………………… 42
　附：图 2.2.1 的绘制方法 ………………………………………………………………… 43
　2.2.2 平均对数温度差图算法 …………………………………………………………… 43
　2.2.3 减压孔板直径图算法 ……………………………………………………………… 46
　附：图 2.2.3 的绘制方法 ………………………………………………………………… 47
　2.2.4 缓冲水容积计算法 ………………………………………………………………… 49
2.3 城镇给水 ………………………………………………………………………………… 49
　2.3.1 集中流量折算系数图算法 ………………………………………………………… 49

2.3.2　管井出水量和滤水管长度图算法 ························· 52
2.4　工业给水处理 ··· 52
　　2.4.1　容积散质系数的简化计算 ····································· 52
　　2.4.2　水的总含盐量算图 ··· 53
　　2.4.3　空气含热量图算法 ··· 53
2.5　城镇排水 ·· 56
　　2.5.1　消力坎深度图算法 ··· 56
　　2.5.2　临界时间图算法 ·· 58
　　2.5.3　侧堰水力计算的图算法 ·· 59
　　2.5.4　计量槽流量图算法 ··· 63
2.6　工业排水 ·· 63
　　2.6.1　尾矿压力输送水力计算的图算法 ······························ 63
　　2.6.2　尾矿自流输送水力计算的图算法 ······························ 64
　　附：图2.6.2的绘制方法 ·· 68
2.7　城镇防洪 ·· 68
　　2.7.1　小流域暴雨汇流时间图算法 ··································· 68
　　2.7.2　最大壅水高度图算法 ··· 71
2.8　对《城市供水行业2000年技术进步发展规划》的一点改进 ······· 73
　　附：图2.8的绘制方法 ·· 73

3　水力学图算法

3.1　管流 ··· 76
　　3.1.1　简单管路流量图算法 ··· 76
　　3.1.2　简单管路直径图算法 ··· 78
　　3.1.3　三叉管的计算方法 ··· 80
　　3.1.4　三项方程算图在管流计算中的应用 ··························· 83
3.2　明渠均匀流 ·· 85
　　3.2.1　梯（矩）形明渠：已知Q，i，m，n和β时，求b和h_0的代数解法 ····· 85
　　3.2.2　梯（矩）形明渠：已知Q，i，m，n和h_0时，求b的图算法 ········· 86
　　3.2.3　梯形明渠：已知Q，i，m，n和b时，求h_0的图算法 ················ 88
　　3.2.4　矩形明渠：已知Q，i，n和b时，求h_0的图算法 ······················ 91
3.3　明渠非均匀流 ··· 91
　　3.3.1　梯形明渠临界水深图算法 ····································· 91
　　3.3.2　平底梯形明渠跃后水深图算法 ································ 92
　　附：三元表值算图及图3.3.2的绘制方法 ···························· 94
　　3.3.3　矩形明渠水跃共轭水深图算法 ································ 100
3.4　消能流 ·· 102
　　3.4.1　消力池深度图算法 ·· 102
　　3.4.2　消力坎淹没系数公式 ·· 104

  3.4.3 消力坎高度图算法 …………………………………………… 105
3.5 渗流 ……………………………………………………………………… 109
  3.5.1 地下水缓变渗流正常水深图算法 ………………………… 109
  3.5.2 土坝渗流逸出高度的两种图算法 ………………………… 112
  附：图 3.5.2-2 的绘制方法………………………………………… 118

4 高次方程图算法

4.1 三次方程图算法 ………………………………………………………… 120
  附：三次方程算图的绘制方法 …………………………………………… 121
4.2 四次方程图算法 ………………………………………………………… 123
4.3 三项方程图算法 ………………………………………………………… 125
  附：三项方程算图的绘制方法 …………………………………………… 125
4.4 扩大图尺使用范围的一个方法 ………………………………………… 128
4.5 例题 ……………………………………………………………………… 128

附 录

附录1 算图的基本知识 …………………………………………………… 130
附录2 提高图算精度的方法——弦位法 ……………………………… 131
附录3 圆形明渠最大流量和流速问题 ………………………………… 132
参考文献 ………………………………………………………………………… 135

几例可绘算图的公式一览

图号 页数	公式号	可 图 公 式	已知	求
图1.1 3页	1.1-7	$K_1=\dfrac{2}{3}\sin^3\pi\alpha+K_2\cdot\dfrac{-\alpha\left(1-\dfrac{\sin2\pi\alpha}{2\pi\alpha}\right)[\sin\pi\alpha+\sin\pi(1.25-2\alpha)]}{3\alpha-1.25}$	K_1,K_2	α
图1.2 5页	1.2-5	$K_3=\dfrac{\pi}{\sin\pi\alpha}-K_4\cdot\dfrac{\alpha}{1-2.5\alpha}\left(1+\dfrac{\sin1.5\pi\alpha}{\sin\pi\alpha}\right)$	K_3,K_4	α
8页	1.4-6	$N_1=r_3\cdot\dfrac{-(3\alpha-1.25)\pi}{\sin\pi\alpha+\sin\pi(1.25-2\alpha)}\left(\dfrac{2}{3}\sin^3\pi\alpha-M_1\right)+\pi\alpha\left(1-\dfrac{\sin2\pi\alpha}{2\pi\alpha}\right)$	N_1,M_1 r_3	α
图1.5-2 19页 图1.5-3 20页	1.5-7 1.5-10	$A_1u^\theta+u-1=0, A_2u^\theta-u+1=0$	A_1,θ A_2	u
图2.2.2 45页	2.2.2-2	$t_m=\dfrac{t_1-t_2}{\ln t_1-\ln t_2}$	t_1,t_2	t_m
图2.3.2 51页	2.3.2-3 2.3.2-1	$\dfrac{Q_i}{l_i}=\dfrac{2(10^{l_0/17}-1)}{l_0}-\dfrac{l_i(10^{l_0/17}-1)}{l_0^2}, Q_0=10^{l_0/17}-1$	l_i,Q_i	l_0 Q_0
图2.5.4 62页	2.5.4	$Q=0.372W(3.28H_1)^{1.569}W^{0.026}$	H_1,W	Q
图2.8 74页	2.8-1 2.8-2	$C=(D/4)^y/n$ $y=2.5\sqrt{n}-0.13-0.75(\sqrt{n}-0.10)\sqrt{D/4}$	C,D	n
图3.3.2 99页	3.3.2-1	$\eta^4+\left(\dfrac{5}{2}\beta+1\right)\eta^3+\left(\dfrac{3}{2}\beta+1\right)(\beta+1)\eta^2+\left[\left(\dfrac{3}{2}\beta+1\right)\beta-\dfrac{3\sigma^2}{\beta+1}\right]\eta-3\sigma^2=0$	β,σ	η
图3.5.2-2 114页	3.5.2-9	$A=\dfrac{B}{u}[\ln(u+1)+1]+\left\{\left(\dfrac{1}{u}+1\right)^2-\dfrac{2m_2}{\sqrt{m_2^2+1}}\dfrac{1}{u^2}[\ln(u+1)+1]-50\right\}$	A,B m_2	u
图4.1 122页		三次方程 $x^3+ax^2+bx+c=0$	a,b,c	x
图4.2 124页		四次方程 $x^4+ax^2+bx+c=0$	a,b,c	x
图4.3.2 126页 图4.3.3 127页		三项方程 $x^m+ax^n+b=0$	a,b m,n	x

1 建筑结构图算法

1.1 圆形截面受弯构件承载力图算法

圆形截面的钢筋混凝土受弯构件在工程中经常应用，例如深基坑挖孔灌注的护壁桩。其正截面抗弯承载力的计算要解超越方程，比较烦琐，本节用图算法简化计算。

图算依据 规范给出下列两式

$$N=\alpha f_{cm}A\left(1-\frac{\sin2\pi\alpha}{2\pi\alpha}\right)+(\alpha-\alpha_t)f_yA_s \tag{1.1-1}$$

$$N\eta e_i=M=\frac{2}{3}f_{cm}Ar\frac{\sin^3\pi\alpha}{\pi}+f_yA_sr_s\frac{\sin\pi\alpha+\sin\pi\alpha_t}{\pi} \tag{1.1-2}$$

式中 A 是构件截面面积，圆形 $A=\pi r^2$。受弯构件的轴向力 $N=0$，故令式（1.1-1）为 0。将 $A=\pi r^2$ 及 $\alpha_t=1.25-2\alpha$，代入上两式得

$$\alpha f_{cm}r^2\pi\left(1-\frac{\sin2\pi\alpha}{2\pi\alpha}\right)+(3\alpha-1.25)f_yA_s=0 \tag{1.1-3}$$

$$M=\frac{3}{2}f_{cm}r^3\sin^3\pi\alpha+f_yA_sr_s\frac{\sin\pi\alpha+\sin\pi(1.25-2\alpha)}{\pi} \tag{1.1-4}$$

由式（1.1-3）得

$$A_s=\frac{-\alpha f_{cm}\pi r^2\left(1-\frac{\sin2\pi\alpha}{2\pi\alpha}\right)}{f_y(3\alpha-1.25)} \tag{1.1-5}$$

将式（1.1-5）代入式（1.1-4）：

$$M=\frac{2}{3}f_{cm}r^3\sin^3\pi\alpha-\frac{f_{cm}r_sr^2\alpha}{3\alpha-1.25}\left(1-\frac{\sin2\pi\alpha}{2\pi\alpha}\right)[\sin\pi\alpha+\sin\pi(1.25-2\alpha)]$$

设

$$\left.\begin{array}{l}K_1=M/r^3f_{cm}\\K_2=r_s/r\end{array}\right\} \tag{1.1-6}$$

代入上式得

$$K_1=\frac{2}{3}\sin^3\pi\alpha+K_2\cdot\frac{-\alpha\left(1-\frac{\sin2\pi\alpha}{2\pi\alpha}\right)[\sin\pi\alpha+\sin\pi(1.25-2\alpha)]}{3\alpha-1.25} \tag{1.1-7}$$

符合式（附 1-3）   ↓   ↓   ↓
的形式： $F(t)=F_2(u)+F(v)$ $F_1(u)$

所以式（1.1-7）可绘成算图，见图 1.1。

【例 1.1】 圆形截面受弯构件：圆形截面半径 $r=200\text{mm}$，纵向钢筋重心所在圆周的半径 $r_s=175\text{mm}$；混凝土强度等级 C30，$f_{cm}=16.5\text{N/mm}^2$；用 Ⅱ 级钢筋，$f_y=310\text{N/mm}^2$。已知弯矩设计值 $M=100\text{kN}\cdot\text{m}$，求纵向钢筋面积 A_s。

【解】 将已知数代入式（1.1-6）计算：

$$K_1=\frac{100000000}{200^3\times 16.5}=0.758,\quad K_2=\frac{175}{200}=0.875$$

用 K_1 和 K_2 值在图 1.1 画直线①，交曲线图尺得 $\alpha=0.283$，代入式（1.1-5）计算：

$$A_{s1}=\frac{-0.283\times 16.5\times 200^2\times 3.1416\left[1-\frac{\sin(360°\times 0.283)}{2\times 3.1416\times 0.283}\right]}{310(3\times 0.283-1.25)}=2123\text{mm}^2$$

用式（1.1-4）算出的 $A_{s2}=2110\text{mm}^2$。若改用图 1.4-4 更简便：以 $\alpha=0.283$ 在图 1.4-4 画水平线⑤，得 $\alpha_1=0.399$，$\alpha_2=0.312$，$\alpha_3=1.949$，代入下列两式计算：

$$A_{s1}=\frac{-f_{cm}r^2\alpha_1}{f_y(3\alpha-1.25)}=\frac{-16.5\times 200^2\times 0.399}{310(3\times 0.283-1.25)}=2118\text{mm}^2$$

$$A_{s2}=\frac{(M-f_{cm}r^3\alpha_2)\alpha_3}{f_y r_s}=\frac{(10^8-16.5\times 200^3\times 0.312)1.949}{310\times 175}=2113\text{mm}^2$$

附：图 1.1 的绘制方法

取图宽 $a=14\text{cm}$，高 20cm。依据一些例题，取 $K_1=0\sim 1$，$K_2=0\sim 1$。

依式（附 1-4）有

$$x=\frac{a}{1-\frac{b}{c}F_1}$$

欲使 $x<a$，即使曲线图尺在两平行图尺之间，必须 bF_1/c 为负值，但从表 1.1 看出，F_1 为正值，故选 b 为负，c 为正。负号表示 K_1 图尺方向与 Y 轴相反。

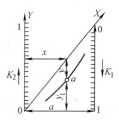

图 1.1-1 计算示意

故得 $y_{K_1}=b(0-1)=20\text{cm}$，$b=-20$；$y_{K_2}=c(1-0)=20\text{cm}$，$c=20$

$$x=\frac{a}{1-\frac{b}{c}F_1}=\frac{14}{1+F_1};\quad y=\frac{bF_2}{1-\frac{b}{c}F_1}=\frac{-20F_2}{1+F_1}$$

在毫米方格计算纸上绘图 1.1 时，需先算出表 1.1，其中 y_1 值用以从图下边线向上数方格定出 α 点，比从斜坐标轴 X 往下量 y 值方便。由图 1.1-1 的几何关系（不计负值）得

$$(|y|+y_1)/x=20/14,\quad \therefore y_1=10x/7-|y|$$

例如，$\alpha=0.30$ 这一点，表 1.1 中的 x 和 y_1 值注在图 1.1 中。然后将各 α 点连成曲线，用附图 2 或附图 3 绘出细分点。

x 和 y_1 值计算表　　　　表 1.1

①α	②=$\sin 180°\alpha$	$F_2=\frac{2}{3}$②³	④=$\sin 360°\alpha$	⑤=$1-\frac{④}{2\pi\alpha}$	⑥=$\sin 180°$ (1.25-2α)	⑦=⑥÷②	$F_1=\frac{-⑦⑤\alpha}{3\alpha-1.25}$	$x=\frac{14}{1+F_1}$	$y=\frac{-20F_2}{1+F_1}$	$y_1=\frac{10x}{7}-|y|$
0.2	0.5878	0.1354	0.9511	0.2431	0.4540	1.0418	0.0779	12.988	-2.512	16.042
⋮	⋮	⋮	⋮	⋮	⋮	⋮	⋮	⋮	⋮	⋮
0.30	0.8091	0.3530	0.9511	0.4955	0.8910	1.7000	0.7220	8.130	-4.100	7.514

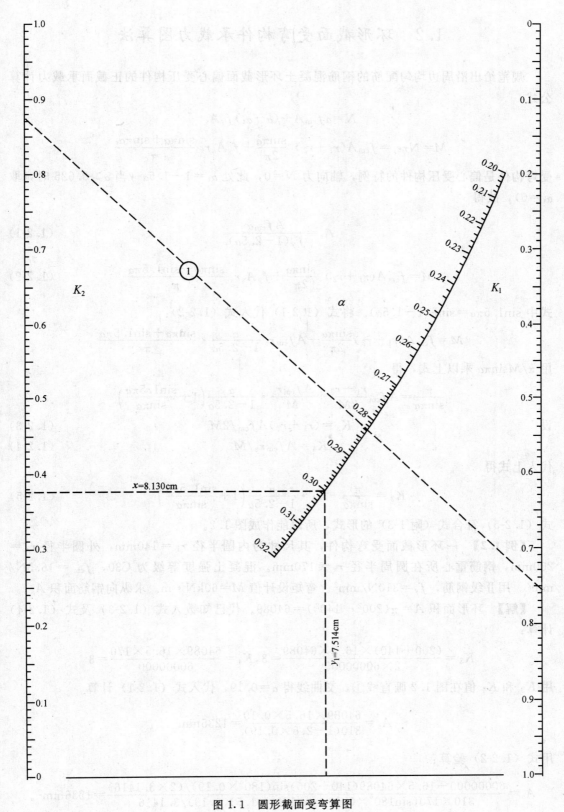

图 1.1 圆形截面受弯算图

1.2 环形截面受弯构件承载力图算法

规范给出沿周边均匀配筋的钢筋混凝土环形截面偏心受压构件的正截面承载力计算公式：

$$N = \alpha f_{cm} A + (\alpha - \alpha_t) f_y A_s$$

$$M = N\eta e_i = f_{cm} A (r_1 + r_2) \frac{\sin\pi\alpha}{2\pi} + f_y A_s r_s \frac{\sin\pi\alpha + \sin\pi\alpha_t}{\pi}$$

受弯构件是偏心受压构件的特例，轴向力 $N=0$，此处 $\alpha_t = 1 - 1.5\alpha$（当 $\alpha > 0.625$ 时，取 $\alpha_t = 0$），故得

$$A_s = \frac{A f_{cm} \alpha}{f_y (1 - 2.5\alpha)} \tag{1.2-1}$$

$$M = f_{cm} A (r_1 + r_2) \frac{\sin\pi\alpha}{2\pi} + f_y A_s r_s \frac{\sin\pi\alpha + \sin 1.5\pi\alpha}{\pi} \tag{1.2-2}$$

式中 $\sin 1.5\pi\alpha = \sin\pi(1 - 1.5\alpha)$。将式（1.2-1）代入式（1.2-2）：

$$M = f_{cm} A (r_1 + r_2) \frac{\sin\pi\alpha}{2\pi} + A f_{cm} r_s \frac{\alpha}{1 - 2.5\alpha} \cdot \frac{\sin\pi\alpha + \sin 1.5\pi\alpha}{\pi}$$

用 $\pi/M\sin\pi\alpha$ 乘以上式，得

$$\frac{\pi}{\sin\pi\alpha} = A f_{cm} \frac{r_1 + r_2}{2M} + \frac{A f_{cm} r_s}{M} \cdot \frac{\alpha}{1 - 2.5\alpha} \left(1 + \frac{\sin 1.5\pi\alpha}{\sin\pi\alpha}\right)$$

设

$$K_3 = (r_1 + r_2) A f_{cm} / 2M \tag{1.2-3}$$

$$K_4 = A f_{cm} r_s / M \tag{1.2-4}$$

代入上式得

$$K_3 = \frac{\pi}{\sin\pi\alpha} - K_4 \cdot \frac{\alpha}{1 - 2.5\alpha} \left(1 + \frac{\sin 1.5\pi\alpha}{\sin\pi\alpha}\right) \tag{1.2-5}$$

式（1.2-5）符合式（附1-3）的形式，所以能作成图1.2。

【例1.2】 一环形截面受弯构件，其尺寸为内圆半径 $r_1 = 140\text{mm}$，外圆半径 $r_2 = 200\text{mm}$，钢筋重心所在圆周半径 $r_s = 170\text{mm}$。混凝土强度等级为C30，$f_{cm} = 16.5\text{N/mm}^2$。用Ⅱ级钢筋，$f_y = 310\text{N/mm}^2$。弯矩设计值 $M = 60\text{kN}\cdot\text{m}$。求纵向钢筋面积 A_s。

【解】 环形面积 $A = \pi(200^2 - 140^2) = 64089$。代已知数入式（1.2-3）及式（1.2-4）计算：

$$K_3 = \frac{(200 + 140) \times 16.5 \times 64089}{2 \times 60000000} = 3, \quad K_4 = \frac{64089 \times 16.5 \times 170}{60000000} = 3$$

用 K_3 和 K_4 值在图1.2画直线①，交曲线得 $\alpha = 0.19$，代入式（1.2-1）计算

$$A_s = \frac{64089 \times 16.5 \times 0.19}{310(1 - 2.5 \times 0.19)} = 1235\text{mm}^2$$

用式（1.2-2）验算：

$$A_s = \frac{60000000 - 16.5 \times 64089(140 + 200)\sin(180° \times 0.19)/(2 \times 3.1416)}{310 \times 170(\sin 180° \times 0.19 + \sin 180° \times 1.5 \times 0.19)/3.1416} = 1236\text{mm}^2。$$

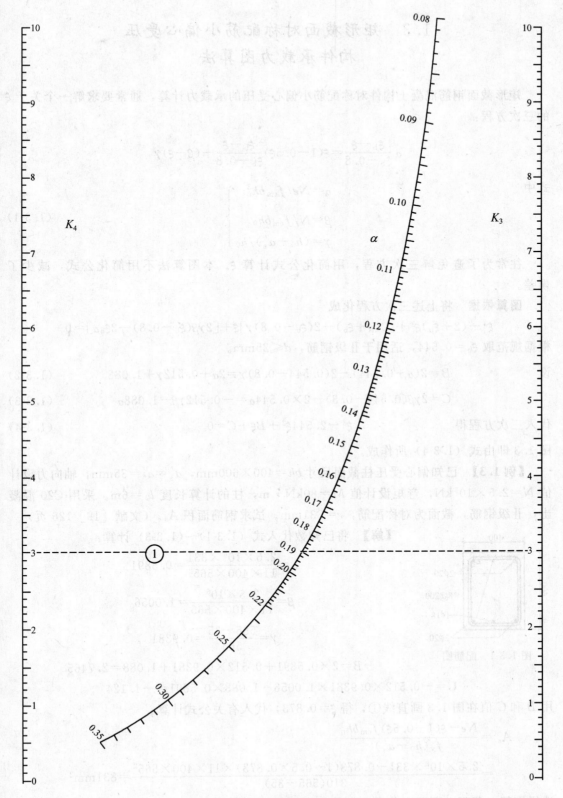

图 1.2 环形截面受弯算图

1.3 矩形截面对称配筋小偏心受压构件承载力图算法

矩形截面钢筋混凝土构件对称配筋小偏心受压的承载力计算，通常要求解一个关于 ξ 的三次方程：

$$\alpha \frac{\xi_b - \xi}{\xi_b - 0.8} = \xi(1 - 0.5\xi)\frac{\xi_b - \xi}{\xi_b - 0.8} + (\beta - \xi)\gamma$$

式中
$$\left.\begin{array}{l} \alpha = Ne/f_{cm}bh_0^2 \\ \beta = N/f_{cm}bh_0 \\ \gamma = (h_0 - a_s')/h_0 \end{array}\right\} \quad (1.3\text{-}1)$$

往常为了避免解三次方程，用简化公式计算 ξ。本图算法不用简化公式，减少了误差。

图算依据 将上述三次方程化成

$$\xi^3 - (2 + \xi_b)\xi^2 + [2(\alpha + \xi_b) - 2(\xi_b - 0.8)\gamma]\xi + [2\gamma\beta(\xi_b - 0.8) - 2\xi_b\alpha] = 0$$

根据规范取 $\xi_b = 0.544$，适用于 II 级钢筋，$d \leqslant 25\text{mm}$。

设
$$B = 2(\alpha + 0.544) - 2(0.544 - 0.8)\gamma = 2\alpha + 0.512\gamma + 1.088 \quad (1.3\text{-}2)$$
$$C = 2\gamma\beta(0.544 - 0.8) - 2 \times 0.544\alpha = -0.512\gamma\beta - 1.088\alpha \quad (1.3\text{-}3)$$

代入三次方程得
$$\xi^3 - 2.544\xi^2 + B\xi + C = 0 \quad (1.3\text{-}4)$$

图 1.3 即由式 (1.3-4) 所作成。

【例 1.3】 已知偏心受压柱截面尺寸 $bh = 400 \times 600\text{mm}$，$a_s' = a_s = 35\text{mm}$，轴向力设计值 $N = 2.5 \times 10^3 \text{kN}$，弯矩设计值 $M = 80 \text{kN} \cdot \text{m}$，柱的计算长度 $l_0 = 6\text{m}$。采用 C20 混凝土，II 级钢筋，截面为对称配筋，$e = 331\text{mm}$。试求钢筋面积 A_s。（文献 [19] 126 页）

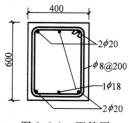

图 1.3-1 配筋图

【解】 将已知数代入式 (1.3-1)～(1.3-3) 计算：

$$\alpha = \frac{2.5 \times 10^6 \times 331}{11 \times 400 \times 565^2} = 0.5891$$

$$\beta = \frac{2.5 \times 10^6}{11 \times 400 \times 565} = 1.0056$$

$$\gamma = \frac{565 - 35}{565} = 0.9381$$

$$B = 2 \times 0.5891 + 0.512 \times 0.9381 + 1.088 = 2.7465$$

$$C = -0.512 \times 0.9381 \times 1.0056 - 1.088 \times 0.5891 = -1.124$$

用 B 和 C 值在图 1.3 画直线①，得 $\xi = 0.873$，代入有关公式计算：

$$A_s = \frac{Ne - \xi(1 - 0.5\xi)f_{cm}bh_0^2}{f_y(h_0 - a_s')}$$

$$= \frac{2.5 \times 10^6 \times 331 - 0.873(1 - 0.5 \times 0.873) \times 11 \times 400 \times 565^2}{310(565 - 35)} = 831 \text{mm}^2$$

选择钢筋：截面上下两边各配 $2\phi20 + 1\phi18$ ($A_s = A_s' = 882.7\text{mm}^2$)。

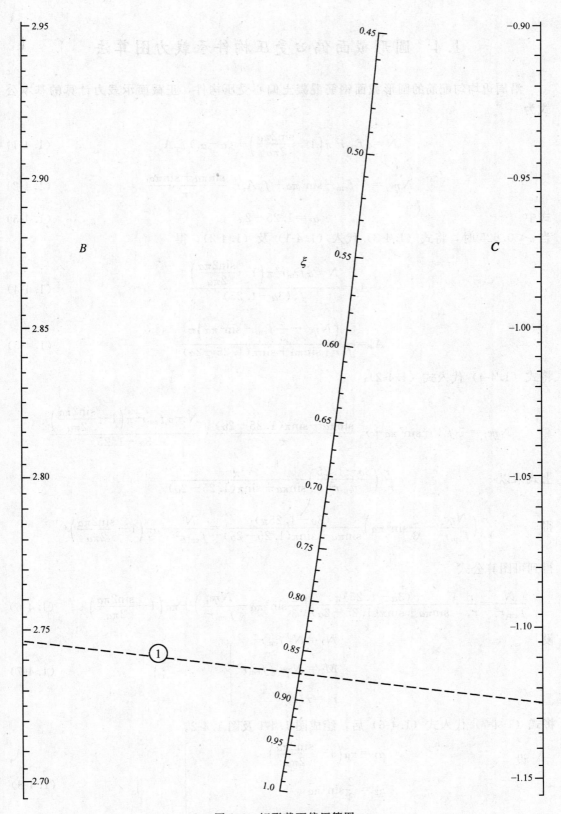

图 1.3 矩形截面偏压算图

1.4 圆形截面偏心受压构件承载力图算法

沿周边均匀配筋的圆形截面钢筋混凝土偏心受压构件，正截面承载力计算的基本公式为

$$N = \alpha f_{cm} r^2 \pi \left(1 - \frac{\sin 2\pi\alpha}{2\pi\alpha}\right) + (\alpha - \alpha_t) f_y A_s \tag{1.4-1}$$

$$N \eta e_i = \frac{2}{3} f_{cm} r^3 \sin^3 \pi\alpha + f_y A_s r_s \frac{\sin\pi\alpha + \sin\pi\alpha_t}{\pi} \tag{1.4-2}$$

式中
$$\alpha_t = 1.25 - 2\alpha \tag{1.4-3}$$

当 $\alpha < 0.625$ 时，将式（1.4-3）代入（1.4-1）及（1.4-2），得

$$A_s = \frac{N - \alpha f_{cm} r^2 \pi \left(1 - \frac{\sin 2\pi\alpha}{2\pi\alpha}\right)}{f_y (3\alpha - 1.25)} \tag{1.4-4}$$

$$A_s = \frac{\left(N\eta e_i - \frac{2}{3} f_{cm} r^3 \sin^3 \pi\alpha\right) \pi}{f_y r_s [\sin\pi\alpha + \sin\pi(1.25 - 2\alpha)]} \tag{1.4-5}$$

将式（1.4-4）代入式（1.4-2）：

$$N\eta e_i = \frac{2}{3} f_{cm} r^3 \sin^3 \pi\alpha + r_s \frac{\sin\pi\alpha + \sin\pi(1.25 - 2\alpha)}{\pi} \cdot \frac{N - \alpha f_{cm} r^2 \pi \left(1 - \frac{\sin 2\pi\alpha}{2\pi\alpha}\right)}{3\alpha - 1.25}$$

上式乘以
$$\frac{r}{r_s} \left(\frac{3\alpha - 1.25}{f_{cm} r^3}\right) \frac{\pi}{\sin\pi\alpha + \sin\pi(1.25 - 2\alpha)}$$

得
$$\frac{r}{r_s} \left(\frac{N\eta e_i}{f_{cm} r^3} - \frac{2}{3} \sin^3 \pi\alpha\right) \frac{(3\alpha - 1.25)\pi}{\sin\pi\alpha + \sin\pi(1.25 - 2\alpha)} = \frac{N}{f_{cm} r^2} - \alpha\pi \left(1 - \frac{\sin 2\pi\alpha}{2\pi\alpha}\right)$$

得到可图算公式

$$\frac{N}{f_{cm} r^2} = \frac{r}{r_s} \cdot \frac{-(3\alpha - 1.25)\pi}{\sin\pi\alpha + \sin\pi(1.25 - 2\alpha)} \left(\frac{2}{3} \sin^3 \pi\alpha - \frac{N\eta e_i}{f_{cm} r^3}\right) + \pi\alpha \left(1 - \frac{\sin 2\pi\alpha}{2\pi\alpha}\right) \tag{1.4-6}$$

设
$$\left. \begin{array}{l} N_1 = N / f_{cm} r^2 \\ M_1 = N\eta e_i / f_{cm} r^3 \\ r_3 = r / r_s \end{array} \right\} \tag{1.4-7}$$

将式（1.4-7）代入式（1.4-6）后，绘成图 1.4-1 及图 1.4-2。

设
$$\left. \begin{array}{l} \alpha_1 = \pi\alpha \left(1 - \dfrac{\sin 2\pi\alpha}{2\pi\alpha}\right) \\ \alpha_2 = \dfrac{2}{3} \sin^3 \pi\alpha \\ \alpha_3 = \pi / [\sin\pi\alpha + \sin\pi(1.25 - 2\alpha)] \end{array} \right\} \tag{1.4-8}$$

由式（1.4-8）绘成图 1.4-4。

将式（1.4-8）代入式（1.4-4）及式（1.4-5）后得

$$\left.\begin{array}{l} A_{s1}=\dfrac{N-f_{cm}r^2\alpha_1}{f_y(3\alpha-1.25)} \\[2mm] A_{s2}=\dfrac{(N\eta e_i-f_{cm}r^3\alpha_2)\alpha_3}{f_y r_s} \end{array}\right\} \quad (1.4\text{-}9)$$

1.4.1　$N/f_{cm}r^2=0\sim1$ 时的图算法 ($\alpha=0.2\sim0.416$)

【例 1.4.1】 某一钢筋混凝土钻孔灌注桩，直径 $D=800$mm，其自由长度 $l_0=5.0$m，承受纵向力 $N=1080$kN，弯矩设计值 $M=360$kN·m，拟采用 C20 级混凝土（$f_c=9.6$N/mm²）和 Ⅰ 级钢筋（$f_y=210$N/mm²），$\xi_b=0.614$，试为此桩配筋（给出 $e_i=353$mm）。（文献 [21] 100 页）。

【解】 $N_1=N/f_c r^2=1080000/(9.6\times400^2)=0.703$，适用图 1.4-1。

$$M_1=\frac{N\eta e_i}{f_c r^3}=\frac{1080000\times353}{9.6\times400^3}=0.62,\quad r_3=\frac{r}{r_s}=\frac{400}{360}=1.111$$

用 N_1 和 M_1 值在图 1.4-1 画直线①，交曲线 $r_3=1.111$，得 $\alpha=0.3595$。
用 α 值在图 1.4-4 画水平线①，得 $\alpha_1=0.743$，$\alpha_2=0.493$，$\alpha_3=1.656$，代入式（1.4-9）计算

$$A_{s1}=\frac{1080000-9.6\times400^2\times0.743}{210(3\times0.3595-1.25)}=1700.62\text{mm}^2$$

$$A_{s2}=\frac{(1080000\times353-9.6\times400^3\times0.493)\times1.656}{210\times360}=1716.04\text{mm}^2$$

采用钢筋 $8\Phi20$，$A_s=2513$mm²。

1.4.2　$N/f_{cm}r^2=1\sim3.5$ 时的图算法 ($\alpha=0.417\sim0.625$)

【例 1.4.2】 已知圆形钢筋混凝土柱 $r=250$mm，$r_s=215$mm，$f_y=310$N/mm²，$f_{cm}=13.5$N/mm²，受轴向压力 $N=1300$kN，$\eta e_i=175$mm，试求 A_s。

【解】 $N_1=N/f_{cm}r^2=1300000/(13.5\times250^2)=1.5407$，适用图 1.4-2。

$$M_1=\frac{N\eta e_i}{f_{cm}r^3}=\frac{1300000\times175}{13.5\times250^3}=1.0785,\quad r_3=\frac{250}{215}=1.1628$$

用 N_1 和 M_1 值在图 1.4-2 画直线①，交曲线 $r_3=1.16$，得 $\alpha=0.4725$。
用 α 值在图 1.4-4 画水平线③，得 $\alpha_1=1.4$，$\alpha_2=0.659$，$\alpha_3=1.733$，代入式（1.4-9）计算：

$$A_{s1}=\frac{1300000-13.5\times250^2\times1.4}{310(3\times0.4725-1.25)}=2287\text{mm}^2$$

$$A_{s2}=\frac{(1300000\times175-13.5\times250^3\times0.659)\times1.733}{310\times215}=2301\text{mm}^2$$

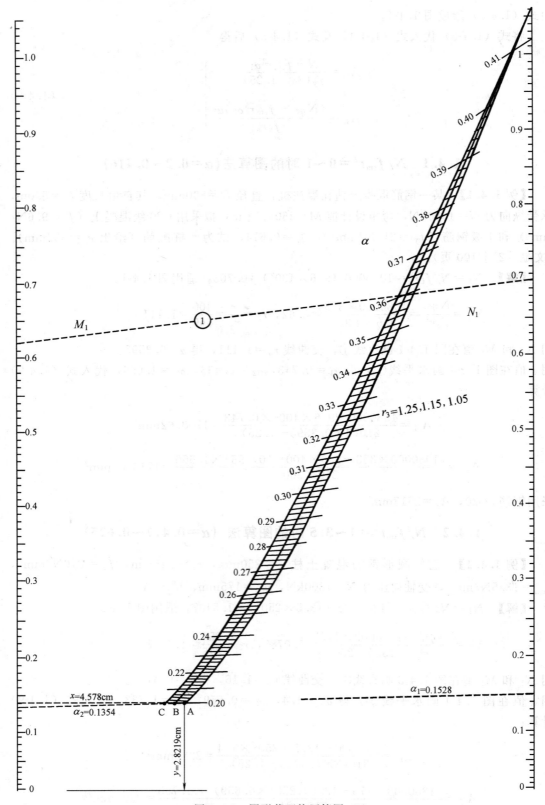

图 1.4-1　圆形截面偏压算图（1）

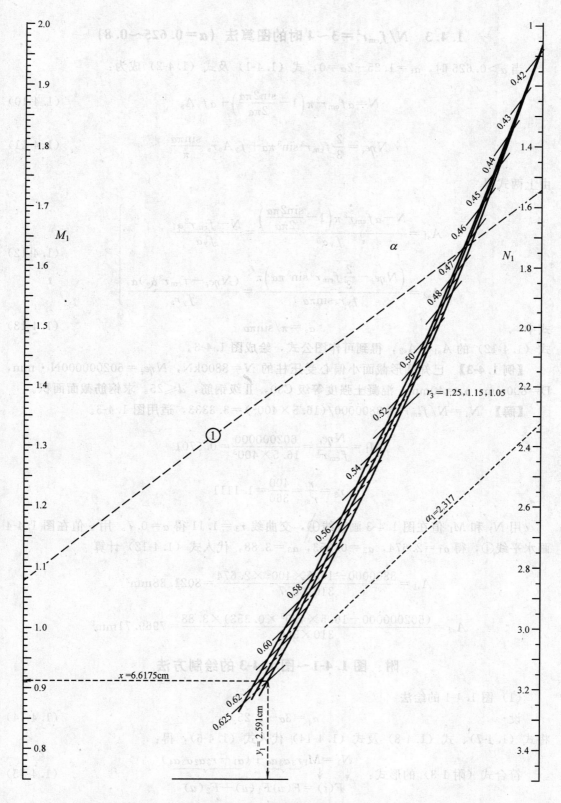

图 1.4-2 圆形截面偏压算图（2）

1.4.3 $N/f_{cm}r^2=3\sim4$ 时的图算法 ($\alpha=0.625\sim0.8$)

当 $\alpha>0.625$ 时，$\alpha_t=1.25-2\alpha=0$，式 (1.4-1) 及式 (1.4-2) 成为:

$$N=\alpha f_{cm}r^2\pi\left(1-\frac{\sin2\pi\alpha}{2\pi\alpha}\right)+\alpha f_y A_s \tag{1.4-10}$$

$$N\eta e_i=\frac{2}{3}f_{cm}r^3\sin^3\pi\alpha+f_y A_s r_s\frac{\sin\pi\alpha}{\pi} \tag{1.4-11}$$

由上两式得

$$\left.\begin{aligned}A_{s1}&=\frac{N-\alpha f_{cm}r^2\pi\left(1-\frac{\sin2\pi\alpha}{2\pi\alpha}\right)}{f_y\alpha}=\frac{N-f_{cm}r^2\alpha_1}{f_y\alpha}\\ A_{s2}&=\frac{\left(N\eta e_i-\frac{2}{3}f_{cm}r^3\sin^3\pi\alpha\right)\pi}{f_y r_s\sin\pi\alpha}=\frac{(N\eta e_i-f_{cm}r^3\alpha_2)\alpha_3}{f_y r_s}\end{aligned}\right\} \tag{1.4-12}$$

式中
$$\alpha_3=\pi/\sin\pi\alpha \tag{1.4-13}$$

式 (1.4-12) 的 $A_{s1}=A_{s2}$，得到可作图公式，绘成图 1.4-3。

【例 1.4-3】 已知圆形截面小偏心受压柱的 $N=8800$kN，$N\eta e_i=602000000$N·mm，$D=800$mm，$\alpha_s=40$mm，混凝土强度等级 C30，Ⅱ级钢筋，$d\leqslant25$。求钢筋截面面积。

【解】 $N_1=N/f_{cm}r^2=8800000/(16.5\times400^2)=3.3333$，适用图 1.4-3。

$$M_1=\frac{N\eta e_i}{f_{cm}r^3}=\frac{602000000}{16.5\times400^3}=0.5701$$

$$r_3=\frac{r}{r_s}=\frac{400}{360}=1.1111$$

用 N_1 和 M_1 值在图 1.4-3 画直线①，交曲线 $r_3=1.11$ 得 $\alpha=0.7$。用 α 值在图 1.4-4 画水平线④，得 $\alpha_1=2.674$，$\alpha_2=0.353$，$\alpha_3=3.88$，代入式 (1.4-12) 计算

$$A_{s1}=\frac{8800000-16.5\times400^2\times2.674}{310\times0.7}=8021.38\text{mm}^2$$

$$A_{s2}=\frac{(602000000-16.5\times400^3\times0.353)\times3.88}{310\times360}=7969.71\text{mm}^2$$

附：图 1.4-1～图 1.4-3 的绘制方法

(1) 图 1.4-1 的绘法

设
$$\alpha_4=3\alpha-1.25 \tag{1.4-14}$$

将式 (1.4-7)、式 (1.4-8) 及式 (1.4-14) 代入式 (1.4-6)，得：

符合式 (附 1-3) 的形式：
$$\underset{F(t)=F(v)F_1(u)+F_2(u)}{N_1=M_1\underbrace{r_3\alpha_3\alpha_4}+\underbrace{(\alpha_1-r_3\alpha_2\alpha_3\alpha_4)}} \tag{1.4-15}$$

所以式 (1.4-15) 可算图。r_3 分别取 1.05、1.15 及 1.25，作出三条曲线图尺。

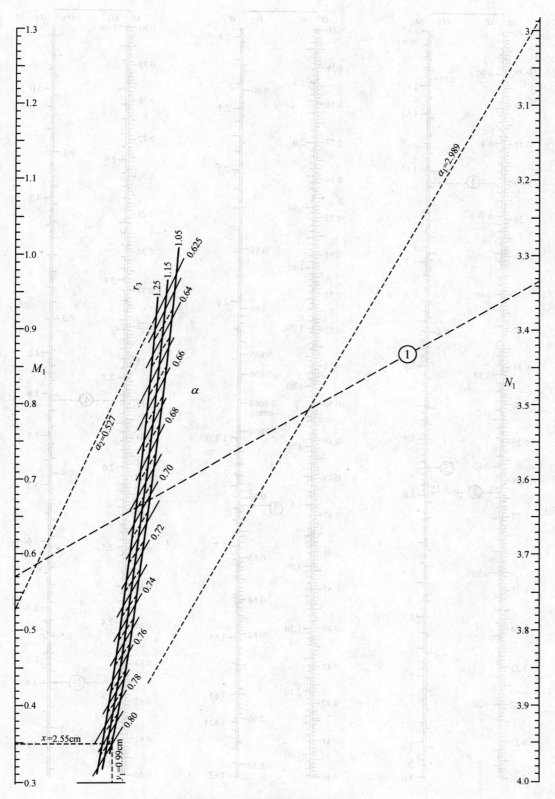

图 1.4-3 圆形截面偏压算图（3）

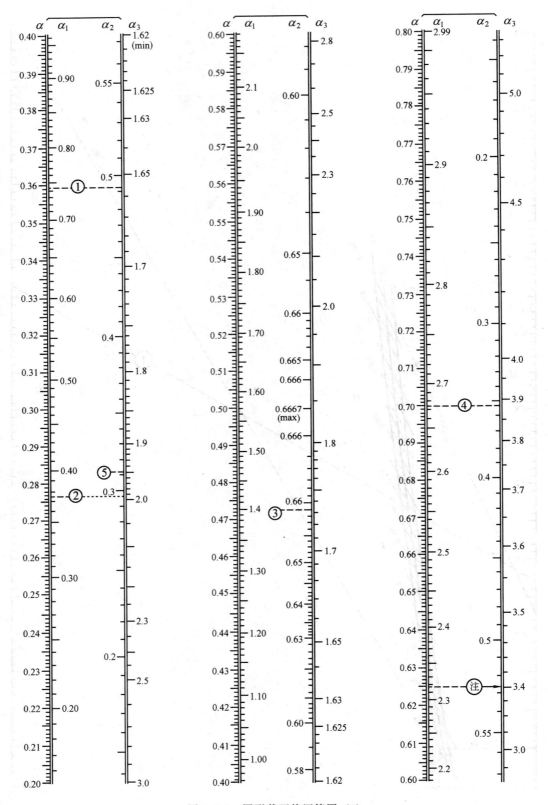

图 1.4-4 圆形截面偏压算图（4）
注：$\alpha < 0.625$ 时计算 α_3 用式 (1.4-8) $\alpha > 0.625$ 时计算 α_3 用式 (1.4-13)

绘图 1.4-1 时，先确定图尺系数 b 和 c。N_1 图尺为 $0 \sim 1$，$b(1-0)=20\text{cm}$，则 $b=20$；M_1 图尺为 $0 \sim 1$，则 $c=20$。由式（附1-4），r_3 曲线图尺的坐标公式依式（附1-4）为：

$$x=\frac{\alpha}{1-\frac{b}{c}F_1}=\frac{14}{1-F_1}, \quad y=\frac{bF_2}{1-\frac{b}{c}F_1}=\frac{20F_2}{1-F_1}$$

$r_3=1.05$ 时的曲线坐标计算 　　　　　　　　　　　　　　表 1.4-1

α	α_1	α_2	α_3	α_4	①=$\alpha_3\alpha_4$	②=$\alpha_2$①	$F_1=$1.05①	③=$1-F_1$	$x_1=$14/③	$F_2=$$\alpha_1-1.05$②	$y_1=$20F_2/③
0.2	0.1528	0.1354	3.0157	−0.65	−1.9602	−0.2654	−2.0582	3.0582	4.5779	0.4315	2.8219
⋮	⋮	⋮	⋮	⋮	⋮	⋮	⋮	⋮	⋮	⋮	⋮

$r_3=1.15$ 时的曲线坐标计算 　　　　　　　　　　　　　　表 1.4-2

α	α_1	α_2	α_3	α_4	①=$\alpha_3\alpha_4$	②=$\alpha_2$①	$F_1=$1.15①	④=$1-F_1$	$x_2=$14/④	$F_2=$$\alpha_1-1.15$②	$y_2=$20F_2/④
0.2	0.1528	0.1354	3.0157	−0.65	−1.9602	−0.2654	−2.0582	3.2542	4.3021	0.4580	2.8149
⋮	⋮	⋮	⋮	⋮	⋮	⋮	⋮	⋮	⋮	⋮	⋮

$r_3=1.25$ 时的曲线坐标计算 　　　　　　　　　　　　　　表 1.4-3

α	α_1	α_2	α_3	α_4	①=$\alpha_3\alpha_4$	②=$\alpha_2$①	$F_1=$1.25①	⑤=$1-F_1$	$x_3=$14/⑤	$F_2=$$\alpha_1-1.25$②	$y_3=$20F_2/⑤
0.2	0.1528	0.1354	3.0157	−0.65	−1.9602	−0.2654	−2.4503	3.4503	4.0576	0.4846	2.8087
⋮	⋮	⋮	⋮	⋮	⋮	⋮	⋮	⋮	⋮	⋮	⋮

用上列表的 x_1 和 y_1，x_2 和 y_2，x_3 和 y_3 分别在图 1.4-1 中作出 A、B、C 三点。

由表1.4-1，$x_1=14/(1-1.05\alpha_3\alpha_4)$，$y_1=20(\alpha_1-1.05\alpha_2\alpha_3\alpha_4)/(1-1.05\alpha_3\alpha_4)$
由表1.4-2，$x_2=14/(1-1.15\alpha_3\alpha_4)$，$y_2=20(\alpha_1-1.15\alpha_2\alpha_3\alpha_4)/(1-1.15\alpha_3\alpha_4)$ 　(1.4-16)
由表1.4-3，$x_3=14/(1-1.25\alpha_3\alpha_4)$，$y_3=20(\alpha_1-1.25\alpha_2\alpha_3\alpha_4)/(1-1.25\alpha_3\alpha_4)$

A、B、C 三点在同一直线，因为将上列坐标代入直线的两点式方程等号两边得到同一结果：

$$\frac{y_2-y_1}{y_3-y_1}=\frac{x_2-x_1}{x_3-x_1}=\frac{(1.15-1.05)(1+1.25\alpha_3\alpha_4)}{(1.25-1.05)(1+1.15\alpha_3\alpha_4)}$$

直线 AC 的方程，是将式 (1.4-16) 的 x_1、y_1 及 x_3、y_3 代入直线的两点式方程得到：

$$y=\frac{b}{\alpha}(\alpha_1-\alpha_2)x+b\alpha_2$$

当 $x=0$ 时，$y=b\alpha_2$；当 $x=\alpha$ 时，$y=b\alpha_1$。$b\alpha_2$ 和 $b\alpha_1$ 是 AC 直线与 M_1 尺和 N_1 尺交点至图尺0点的实长。绘 AC 直线只需 α_1 和 α_2 值，例如，$\alpha=0.2$ 时，AC 直线的 α_1 和 α_2 值注在图中。

（2）图 1.4-2 的绘法

在图 1.4-2 中，$\alpha=0.417\sim0.625$，由表 1.4-4 知 $\alpha_1\sim\alpha_4$ 及 F_1 皆为正值。在 r_3 图尺坐标式中，$x=14/(1-bF_1/c)$，为使 $x<14$，将 b 取负值。

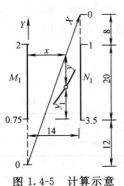

图 1.4-5 计算示意

N_1 图尺系数：$b(1-3.5)=20$cm，计算得 $b=-8$。
M_1 图尺系数：$c(2-0.75)=20$cm，计算得 $c=16$。
r_3 图尺的坐标依式（附 1-4）为：

$$x=\frac{a}{1-bF_1/c}=\frac{14}{1+0.5F_1},\quad y=\frac{bF_2}{1-bF_1/c}=\frac{-8F_2}{1+0.5F_1}$$

由图 1.4-5 所知，

$$\frac{x}{|y|+y_1+12}=\frac{14}{40},\quad y_1=2.857x-12-|y|$$

计算 $r_3=1.15$ 及 1.25 的表，类似上表，从略。

(3) 图 1.4-3 的绘法

$r_3=1.05$ 时的曲线坐标计算   表 1.4-4

α	α_1	α_2	α_3	α_4	①=$\alpha_3\alpha_4$	②=$\alpha_2$①	$F_1=$ 1.05①	③= $1+0.5F_1$	$x=$ 14/③	$F_2=$ $\alpha_1-1.05$②	y	y_1
0.42	1.080	0.606	1.628	0.01	0.0163	0.0099	0.0171	1.0086	13.881	1.0696	−8.484	19.174
⋮	⋮	⋮	⋮	⋮	⋮	⋮	⋮	⋮	⋮	⋮	⋮	⋮
0.625	2.317	0.527	3.400	0.625	2.125	1.1199	2.2313	2.1156	6.618	1.1411	−4.315	2.591

$\alpha>0.625$ 时，$\alpha_t=1.25-2\alpha=0$，式 (1.4-8) 中的 α_1 和 α_2 不变，$\alpha_3=\pi/\sin\pi\alpha$，式 (1.4-14) 的 $\alpha_4=\alpha$。为使 r_3 图尺的 $x<14$，将 b 取负值。

N_1 图尺系数：$b(3-4)=20$cm，计算得 $b=-20$
M_1 图尺系数：$c(1.3-0.3)=20$cm，计算得 $c=20$

r_3 图尺坐标：$x=\dfrac{a}{1-\dfrac{b}{c}F_1}=\dfrac{14}{1+F_1},\quad y=\dfrac{-20F_2}{1+F_1}$

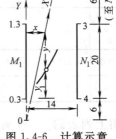

图 1.4-6 计算示意

由图 1.4-6 知，

$$\frac{x}{|y|+y_1+6}=\frac{14}{60+20+6},\quad y_1=6.1429x-6-|y|$$

$r_3=1.05$ 时的曲线坐标计算   表 1.4-5

α	α_1	α_2	α_3	α_4	①=$\alpha_3\alpha_4$	②=$\alpha_2$①	$F_1=$ 1.05①	③= $1+F_1$	$x=$ 14/③	$F_2=$ $\alpha_1-1.05$②	y	y_1
0.625	2.317	0.527	3.400	0.625	2.1250	1.1199	2.2313	3.2313	4.3326	1.1411	−7.0628	13.5519
⋮	⋮	⋮	⋮	⋮	⋮	⋮	⋮	⋮	⋮	⋮	⋮	⋮
0.80	2.9889	0.1354	5.3448	0.80	4.2758	0.5789	4.4896	5.4896	2.5503	2.3811	−8.6748	0.9914

计算 $r_3=1.15$ 及 1.25 的表类似表 1.4-5，从略。$\alpha=0.8$ 时的 x 和 y_1 值注在图 1.4-3 中。

1.5 吴震东公式图算法
——混凝土蓄热养护计算问题

湖南大学吴震东教授针对非大体积混凝土的特点，假定内部各点温度相同而建立起微分方程的分析解，已收进建筑工程施工及验收规范[22]。这一公式得到广泛的应用，其形

式为
$$T = \eta e^{-\theta \nu_{ce} t} - \varphi e^{-\nu_{ce} t} + T_{m,a} \quad (1.5\text{-}1)$$

式中 T——混凝土蓄热养护开始至任一时刻 t 的温度（℃）；

t——混凝土蓄热养护开始至任一时刻的时间（h）；

$T_{m,a}$——室外平均气温（℃），在此取常用的负值；

ν_{ce}——水泥水化速度系数（h^{-1}）；

e——自然对数之底，可取 $e=2.718$；

θ、φ、η 为综合参数，将由题给条件算出，见例 1.5-1。

当 $T=0$ 时的 t 值，即为混凝土温度降至 0℃ 时所需的时间（h）。式（1.5-1）等于 0 时，可求出式中惟一的未知数 t。往常用试算法求 t，在此介绍简捷的图算法。

推导图算公式：令式（1.5-1）等于 0，除以 $T_{m,a}$ 得

$$\frac{\eta}{T_{m,a}} e^{-\theta \nu_{ce} t} - \frac{\varphi}{T_{m,a}} e^{-\nu_{ce} t} + 1 = 0 \quad (1.5\text{-}2)$$

在式（1.5-6）中，A_1 为正值才能取对数，其中 φ 和 $T_{m,a}$ 为负值，但是 η 值有时为正、有时为负，故按两种情况绘出算图。

1. $\eta>0$ 时的图算法

将式（1.5-2）乘以-1 得

$$\frac{-\eta}{T_{m,a}} e^{-\theta \nu_{ce} t} + \frac{\varphi}{T_{m,a}} e^{-\nu_{ce} t} - 1 = 0 \quad (1.5\text{-}3)$$

设

$$u = \frac{\varphi}{T_{m,a}} e^{-\nu_{ce} t} \quad (1.5\text{-}4)$$

则第 1 项为

$$\frac{-\eta}{T_{m,a}} e^{-\theta \nu_{ce} t} = \frac{-\eta}{\varphi} \left(\frac{\varphi}{T_{m,a}}\right)^{\theta+(1-\theta)} e^{-\theta \nu_{ce} t} = \frac{-\eta}{\varphi}\left(\frac{\varphi}{T_{m,a}}\right)^{1-\theta} u^{\theta} \quad (1.5\text{-}5)$$

设

$$A_1 = \frac{-\eta}{\varphi}\left(\frac{\varphi}{T_{m,a}}\right)^{1-\theta} \quad (1.5\text{-}6)$$

将式（1.5-4）~式（1.5-6）代入式（1.5-3）

$$A_1 u^{\theta} + u - 1 = 0 \quad (1.5\text{-}7)$$

取对数得 $\lg A_1 = \underbrace{\lg(1-u)}_{} + \theta \underbrace{(-\lg u)}_{}$

符合式（附1-3）的形式： $F(t) = F_2(u) + F(v) F_1(u)$

所以式（1.5-3）可以绘成算图，见图 1.5-2。

【例 1.5-1】 某工程冬期采用蓄热养护法施工，墙体部分表面系数 $\psi=12.5$，混凝土强度等级为 C20，每立方米混凝土使用 32.5 级矿渣硅酸盐水泥量 $m_{ce}=300$kg，砂 600kg，石子 1330kg，水 180kg，混凝土蓄热养护起始温度 $T_3=20$℃，室外平均气温为 $T_{m,a}=-5$℃，每千克水泥的累积最终放热量 $C_{ce}=240$kJ/kg，水泥水化速度系数为 $\nu_{ce}=0.013/$h，混凝土质量密度为 $\rho_c=2400$kg/m³，混凝土比热 $C_c=1$kJ/(kg·K)，混凝土外表保温材料的透风系数 $\omega=1.35$，保温层的总传热系数 $K=7.2$kJ/(m²·h·K)，试求混凝土的冷却时间 t。（文献 [22] 444 页）

【解】 用文献 [22] 445 页的公式计算综合参数：

$$\theta = \frac{\omega K \psi}{\nu_{ce} C_c \rho_c} = \frac{1.35 \times 7.2 \times 12.5}{0.013 \times 1 \times 2400} = 3.89$$

$$\varphi = \frac{\nu_{ce} C_{ce} m_{ce}}{\nu_{ce} C_c \rho_c - \omega K \psi} = \frac{0.013 \times 240 \times 300}{0.013 \times 1 \times 2400 - 1.35 \times 7.2 \times 12.5} = -10.4$$

$$\eta = T_3 - T_{m,a} + \varphi = 20 - (-5) + (-10.4) = 14.6$$

代入式（1.5-1），令其等于 0：

$$T = 14.6 e^{-3.89 \times 0.013t} + 10.4 e^{-0.013t} - 5 = 14.6 e^{-0.0506t} + 10.4 e^{-0.013t} - 5 = 0$$

将已知数代入式（1.5-6）算出 A_1 值：

$$A_1 = \frac{-14.6}{-10.4} \left(\frac{-10.4}{-5} \right)^{1-3.89} = 0.169$$

用 θ 和 A_1 值在图 1.5-2 画直线①，得 $u = 0.893$，代入式（1.5-4）计算 t：

$$t = \lg \left| \frac{u \cdot T_{m,a}}{\varphi} \right| / -\lg e \cdot \nu_{ce} = \lg \left| \frac{0.893 \times (-5)}{-10.4} \right| / -0.4343 \times 0.013 = 65(\text{h})$$

验算：代入式（1.5-7）计算 $0.169 \times 0.893^{3.89} + 0.893 - 1 = 0.1088 + 0.893 - 1 \approx 0$

【例 1.5-2】 解 $7.01 e^{-0.064t} - (-7.99) e^{-0.0092t} - 5 = 0$

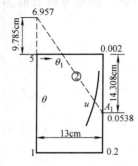

图 1.5-1 解题示意

【解】 $\theta = 0.064/0.0092 = 6.957$，大于 θ 图尺的上限 5。由式（1.5-6）

$$A_1 = \frac{-7.01}{-7.99} \left(\frac{-7.99}{-5} \right)^{1-6.957} = 0.0538$$

由图 1.5-1，可视为在 θ 尺延长线上取一点 6.957，它与点 5 的实长为 5（6.957−5）= 9.785cm。A_1 值在 A_1 图尺上的实长为 −10（lg0.002 − lg0.0538）= 14.308cm。两括号前的 5 和 −10 为图尺系数，在图 1.5-2 的绘法中说明。

$9.785/\theta_1 = 14.308/(13-\theta_1)$，计算得 $\theta_1 = 5.280$cm。

用 θ_1 和 A_1 值在图 1.5-2 中画直线②，交曲线得 $u = 0.96$，代入式（1.5-4）计算 t：

$$t = \lg \left| \frac{u \cdot T_{m,a}}{\varphi} \right| / -\lg e \cdot \nu_{ce} = \lg \left| \frac{0.96 \times (-5)}{-7.99} \right| / -0.4343 \times 0.0092 = 55.39(\text{h})$$

2. $\eta < 0$ 时的图算法

因设式（1.5-4），则式（1.5-2）的第 1 项为

$$\frac{\eta}{T_{m,a}} e^{-\theta \nu_{ce} t} = \frac{\eta}{\varphi} \left(\frac{\varphi}{T_{m,a}} \right)^{\theta + (1-\theta)} e^{-\theta \nu_{ce} t} = \frac{\eta}{\varphi} \left(\frac{\varphi}{T_{m,a}} \right)^{1-\theta} u^{\theta} \quad (1.5-8)$$

设

$$A_2 = \frac{\eta}{\varphi} \left(\frac{\varphi}{T_{m,a}} \right)^{1-\theta} \quad (1.5-9)$$

将式（1.5-4）、式（1.5-8）及式（1.5-9）代入式（1.5-2）得

$$A_2 u^{\theta} - u + 1 = 0 \quad (1.5-10)$$

式（1.5-10）符合可绘图公式（附 1-3）的形式，所以能作成图 1.5-3。

【例 1.5-3】 解式（1.5-1）形式的指数方程

$$-37 e^{-0.4Z} - (-72) e^{-0.24Z} + (-5) = 0 \quad (1.5-11)$$

【解】 $\theta = 0.4/0.24 = 1.667$。将已知数代入式（1.5-9）计算

$$A_2 = \frac{-37}{-72} \left(\frac{-72}{-5} \right)^{1-1.667} = 0.0867$$

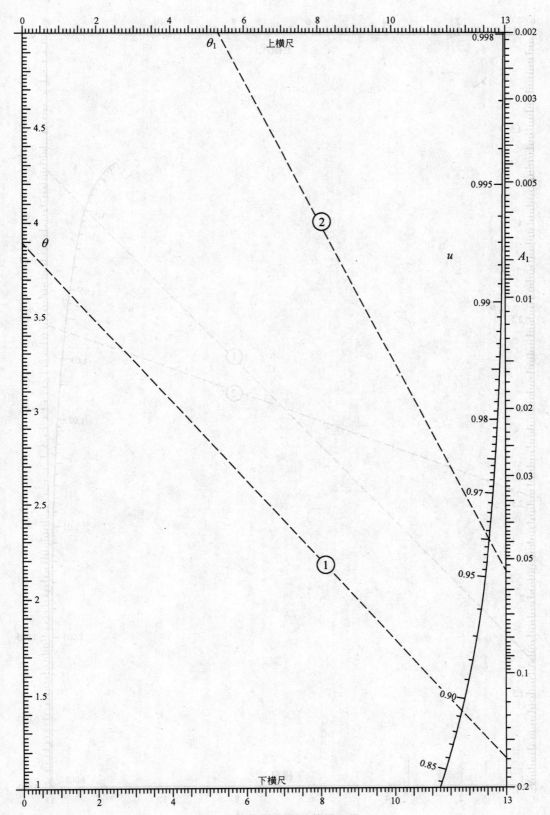

图 1.5-2 吴震东公式算图（1）

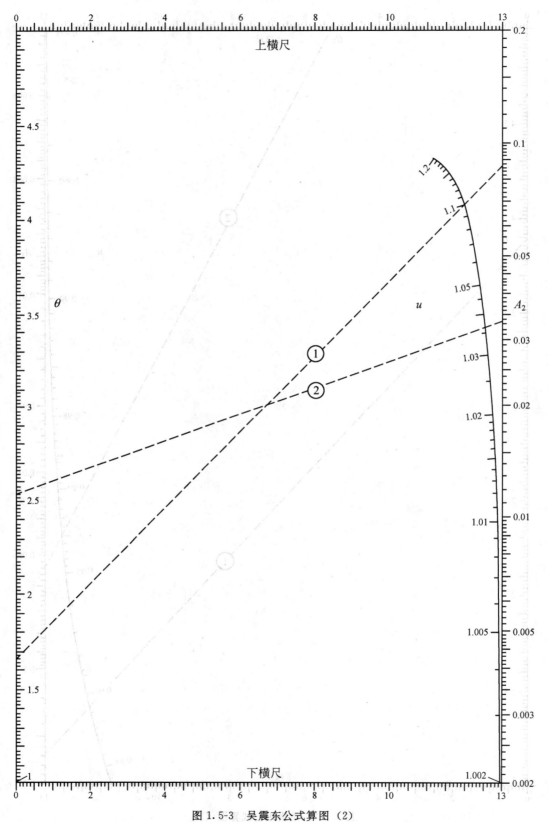

图 1.5-3 吴震东公式算图（2）

用 θ 和 A_2 值在图 1.5-3 画直线①，得 $u=1.102$，代入式 (1.5-4) 计算

$$Z=\frac{\lg\dfrac{uT_{m,a}}{\varphi}}{-\lg e \cdot \nu_{ce}}=\frac{\lg\dfrac{1.102(-5)}{-72}}{-0.4343\times 0.24}=10.7(\text{d})$$

验算：代入式 (1.5-10) 计算 $0.0867\times 1.102^{1.667}-1.102+1=0$

式 (1.5-11) 中的 Z 以 d 计。若 Z 换成 t，则以 h 计，式 (1.5-11) 前两项的指数需除以 24。

【例 1.5-4】 解式 (1.5-1) 形式的指数方程

$$-13.6e^{-0.56Z}-(-28.3)e^{-0.22Z}+(-5)=0$$

【解】 $\theta=0.56/0.22=2.54$。将已知数代入式 (1.5-9) 计算

$$A_2=\frac{-13.6}{-28.3}\left(\frac{-28.3}{-5}\right)^{1-2.54}=0.0333$$

用 θ 和 A_2 值在图 1.5-3 画直线②，得 $u=1.0365$，代入式 (1.5-4) 计算

$$Z=\frac{\lg\dfrac{1.0365\times(-5)}{-28.3}}{-0.4343\times 0.22}=7.7(\text{d})$$

验算：代入式 (1.5-10) 计算 $0.0333\times 1.0365^{2.54}-1.0365+1=0$

附：图 1.5-2 及图 1.5-3 的绘制方法

图 1.5-2 是由式 $\lg A_1=\lg(1-u)+\theta(-\lg u)$ 绘成。只取图宽 $a=13\text{cm}$，因 A_1 尺右边注数字。求 A_1 图尺的系数：$b(\lg 0.002-\lg 0.2)=20\text{cm}$，$b=-10$。取 A_1 向下递增，使 b 为负值。求图 θ 图尺的系数：$c(5-1)=20\text{cm}$，$c=5$。计算 u 曲线坐标，由式（附 1-4），

$$x_u=\frac{a}{1-\dfrac{b}{c}F_1}=\frac{13}{1-\dfrac{-10}{5}(-\lg u)}=\frac{13}{1-2\lg u}$$

$$y_u=\frac{bF_2}{1-\dfrac{b}{c}F_1}=\frac{-10\lg(1-u)}{1-2\lg u}$$

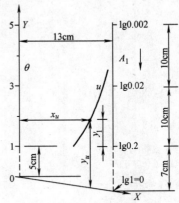

图 1.5-4 计算示意之一

本图 $u<1$，b 为负值时才使 $x_u<a$。

制图前先算出 y_1 值，由图 1.5-4 知

$$\frac{y_u-y_1-5}{7-5}=\frac{x_u}{13}，\text{计算得 } y_1=y_u-5-0.1538x_u$$

x_u 和 y_1 值计算表   表 1.5-1

①$=u$	②$=1-2\lg u$	$x_u=13/$②	$y_u=-10\lg(1-u)/$②	y_1(cm)
0.85	1.1412	11.3915	7.2197	0.4677
0.90	1.0915	11.9101	9.1617	2.3299
⋮	⋮	⋮	⋮	⋮

图尺 A_1 的刻点 0.02 与 0.2 及 0.002 的实长都是 10cm，绘出这些主要点，把透明纸放在附图 1 上移动，画上细分点。

图 1.5-3 是由式 $\lg A_2 = \lg(u-1) + \theta(-\lg u)$ 绘成，取图宽 $a=13$cm。

求 A_2 图尺系数：$b(\lg 0.2 - \lg 0.002) = 20$cm，$b=10$；求 θ 图尺系数：$c(5-1) = 20$，$c=5$。计算 u 曲线坐标，由式（附1-4），

$$x_u = \frac{a}{1-\frac{b}{c}F_1} = \frac{13}{1-\frac{10}{5}(-\lg u)} = \frac{13}{1+2\lg u}$$

$$y_u = \frac{bF_2}{1-\frac{b}{c}F_1} = \frac{10\lg(u-1)}{1+2\lg u}$$

本图 $u>1$，b 为正值时才使 $x_u<a$，从而使 u 曲线在两平行图尺 θ 和 A_2 之间。先算出 y_1 值，由图 1.5-5 知

$$\frac{|y_u|+y_1+5}{27+5} = \frac{x_u}{13}$$，计算得 $y_1 = 2.4615 x_u - |y_u| - 5$

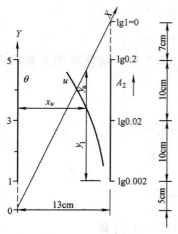

图 1.5-5 计算示意之二

x_u 和 y_1 值计算表　　　　　　　　　　　　　　　　表 1.5-2

①=u	②=$1+2\lg u$	$x_u=13/$②	$y_u=10\lg(u-1)/$②	y_1(cm)
1.002	1.0017	12.9779	−26.9439	0.0017
1.005	1.0043	12.9443	−22.9118	3.9506
⋮	⋮	⋮	⋮	⋮

2 给水排水图算法

本章主要配合第二版给水排水设计手册使用，论述的算图能代替多页数表，比较简明，精度符合要求。

2.1 常用资料

2.1.1 钢管和铸铁管水力计算的图算法

文献[1]沿用甫·阿·舍维列夫著水力计算表，由其中按水力坡降计算水头损失的公式，得到旧钢管和铸铁管的计算公式：

当 $v \geqslant 1.2\text{m/s}$ 时，

$$i = 0.00107 \frac{v^2}{d_j^{1.3}} \tag{2.1.1-1}$$

乘以文献[1]式（11-10）之修正系数

$$K_3 = 0.852\left(1 + \frac{0.867}{v}\right)^{0.3} \tag{2.1.1-2}$$

得到 $v < 1.2\text{m/s}$ 时的计算公式

$$i = 0.000912 \frac{v^2}{d_j^{1.3}}\left(1 + \frac{0.867}{v}\right)^{0.3} \tag{2.1.1-3}$$

文献[32]将式（2.1.1-3）简化成式（2.1.1-4），便于制图。误差不大于 1.76%，见表 2.1.1。

$$i = 0.001698 \frac{Q^{1.813}}{d_j^{4.926}} \tag{2.1.1-4}$$

式中

$$Q = \frac{\pi}{4} d_j^2 v \tag{2.1.1-5}$$

由式（2.1.1-1）及式（2.1.1-5）作成图 2.1.1-1，适用于 $v \geqslant 1.2\text{m/s}$ 的铸铁管及钢管的水力计算。

由式（2.1.1-4）及式（2.1.1-5）作成图 2.1.1-2，适用于 $v < 1.2\text{m/s}$ 的铸铁管及钢管的水力计算。

【例 2.1.1-1】 钢管和铸铁管长 l 均为 1000m，公称直径 $DN = 400$mm，流速 $v = 2$m/s，求流量 Q 和水头损失。

【解】 $v > 1.2\text{m/s}$，在图 2.1.1-1 画直线①和②，得钢管流量 $Q = 0.26\text{m}^3/\text{s}$，水头损失为 14m；铸铁管流量 $Q = 0.253\text{m}^3/\text{s}$，水头损失为 14.3m。

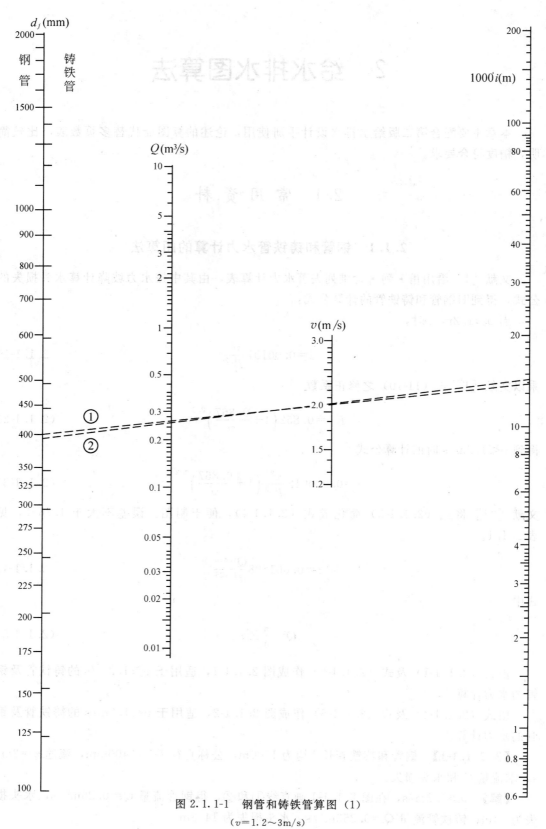

图 2.1.1-1 钢管和铸铁管算图 (1)
($v=1.2\sim3\text{m/s}$)

24

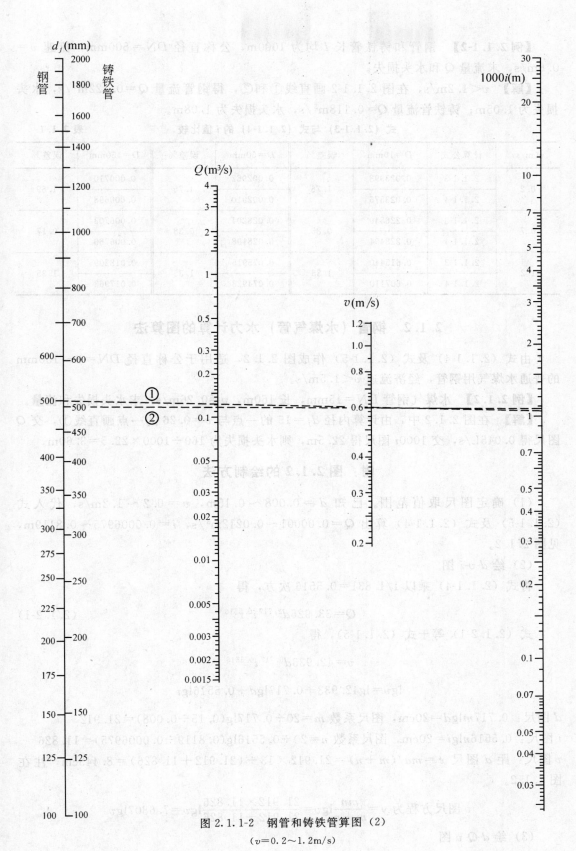

图 2.1.1-2 钢管和铸铁管算图（2）
($v=0.2\sim1.2\text{m/s}$)

【例 2.1.1-2】 钢管和铸铁管长 l 均为 1000m，公称直径 $DN=500$mm，流速 $v=0.6$m/s，求流量 Q 和水头损失。

【解】 $v<1.2$m/s，在图 2.1.1-2 画直线①和②，得钢管流量 $Q=0.122$m³/s，水头损失为 1.05m；铸铁管流量 $Q=0.118$m³/s，水头损失为 1.08m。

式（2.1.1-3）与式（2.1.1-4）的 i 值比较　　　表 2.1.1

v(m/s)	计算公式	$D=10$mm	误差%	$D=50$mm	误差%	$D=150$mm	误差%
0.2	2.1.1-3	0.023998	1.76	0.002962	1.75	0.000710	1.69
	2.1.1-4	0.023576		0.002910		0.000698	
0.7	2.1.1-3	0.226549	0.85	0.028204	0.38	0.006703	0.17
	2.1.1-4	0.228494		0.028198		0.006760	
1.2	2.1.1-3	0.615440	1.35	0.075915	1.35	0.018209	1.35
	2.1.1-4	0.607110		0.074923		0.017963	

2.1.2 钢管（水煤气管）水力计算的图算法

由式（2.1.1-4）及式（2.1.1-5）作成图 2.1.2，适用于公称直径 $DN=8\sim150$mm 的普通水煤气用钢管，经济流速 $v<1.5$m/s。

【例 2.1.2】 水煤气钢管 $DN=15$mm，长 160m，$v=0.26$m/s，求水头损失和流量。

【解】 在图 2.1.2 中，由计算内径 $d_j=15$ 的一点与 $v=0.26$ 的一点画直线①，交 Q 图尺得 0.045L/s，交 $1000i$ 图尺得 22.5m，则水头损失为 $160\div1000\times22.5=3.60$m。

附：图 2.1.2 的绘制方法

（1）确定图尺取值范围。已知 $d=0.008\sim0.15$m，$v=0.2\sim1.2$m/s，代入式（2.1.1-5）及式（2.1.1-4）算出 $Q=0.00001\sim0.0212$m³/s，$i=0.0006975\sim0.8119$m，见图 2.1.2。

（2）绘 d-v-i 图

将式（2.1.1-4）乘以 $1/1.831=0.5516$ 次方，得

$$Q=33.926d^{2.717}i^{0.5516} \qquad (2.1.2\text{-}1)$$

式（2.1.2-1）等于式（2.1.1-5），得

$$v=42.933d^{0.717}i^{0.5516}$$

$$\lg v=\lg 42.933+0.717\lg d+0.5516\lg i$$

d 图尺：$0.717m\lg d=20$cm，图尺系数 $m=20\div 0.717\lg(0.15\div 0.008)=21.912$

i 图尺：$0.5516n\lg i=20$cm，图尺系数 $n=20\div 0.5516\lg(0.8119\div 0.0006975)=11.826$

v 图尺：距 d 图尺 $x=ma/(m+n)=21.912\times 13\div(21.912+11.826)=8.443$cm，注在图 2.1.2。

v 图尺方程为 $y=\dfrac{mn}{m+n}\lg v=\dfrac{21.912\times 11.826}{21.912+11.826}\lg v=7.6807\lg v$

（3）绘 d-Q-v 图

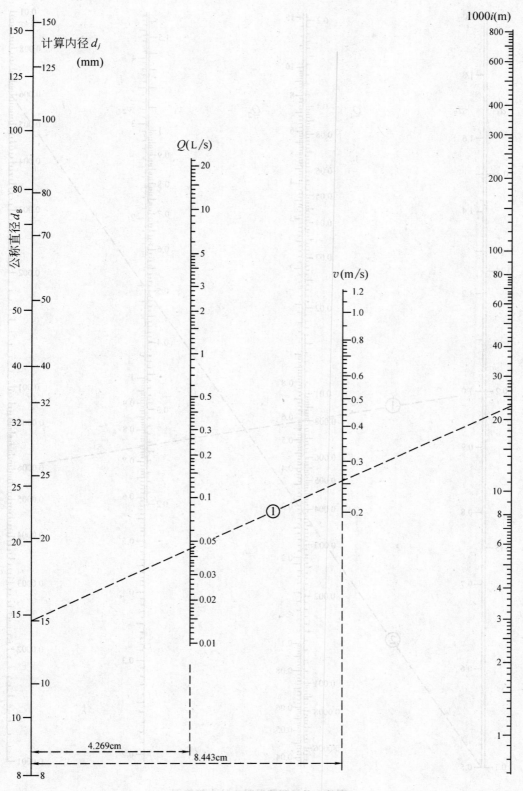

图 2.1.2 钢管（水煤气管）算图

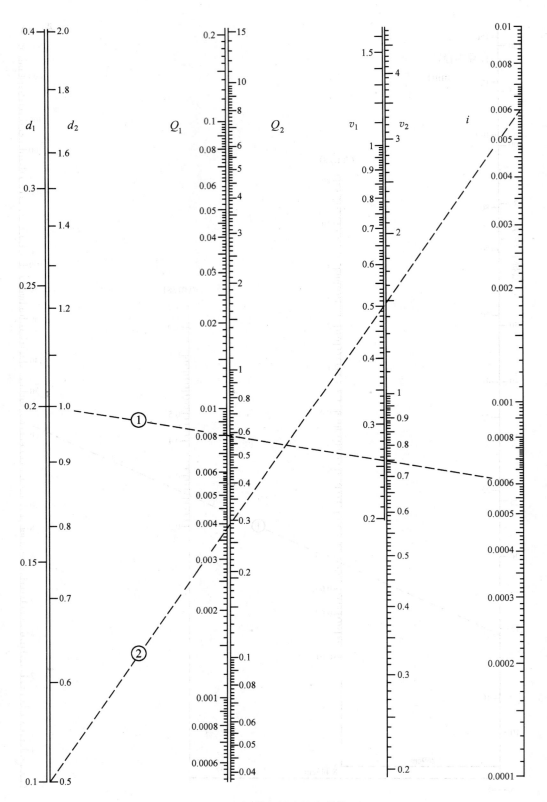

图 2.1.3 钢筋混凝土给水管算图

由式（2.1.1-5），$\lg Q = \lg \frac{\pi}{4} + 2\lg d + \lg v$

d 图尺：$2m_1 \lg d = 20 \text{cm}$，图尺系数 $m_1 = 20 \div 2\lg(0.15 \div 0.008) = 7.8555$

Q 图尺：距 d 图尺 $x_1 = m_1 a_1/(m_1 + n_1) = 7.8555 \times 8.443 \div (7.8555 + 7.6807) = 4.269 \text{cm}$，在图 2.1.2。$d$、$i$、$v$、$Q$ 图尺都是对数分度，可利用附图 1 画出细分点。

2.1.3 钢筋混凝土给水圆管（满流，$n = 0.013$）水力计算的图算法

绘制图 2.1.3 用文献 [1] 436 页的几个公式，即：$v = R^{2/3} i^{1/2}/n$，$Q = v\pi d^2/4$，$R = d/4$。图 2.1.3 的 d_1 图尺与 Q_1 图尺、v_1 图尺配合用，d_2 与 Q_2、v_2 配合用。

【例 2.1.3-1】 有一直径 0.2m 的自应力水泥管，水力坡降为 0.0006，试求流速和流量。

【解】 在图 2.1.3 的 d_1 图尺取 0.2 一点，与 i 图尺的 0.0006 一点连接成直线①，交 Q_1 图尺得 $0.008 \text{m}^3/\text{s}$，交 v_1 图尺得 0.256m/s。

【例 2.1.3-2】 有一直径 0.5m 的自应力水泥管，供水流量为 $0.29 \text{m}^3/\text{s}$，试求流速和水力坡降。

【解】 在图 2.1.3 的 d_2 图尺取 0.5 一点，与 Q_2 图尺的 0.29 一点连成直线②，交图尺 v_2 得 1.48m/s，交 i 图尺得水力坡降为 0.0059。

2.1.4 排水圆管（非满流）水力计算的图算法[❶]

城市下水道和水利等工程常用圆管排水。圆管无压均匀流的水力计算，是在流量 Q，流速 V，管径 d，底坡 i，充满度 h/d 和粗糙系数 n 等 6 个水力因素中，已知其中 4 个而求出其余 2 个。本节论述的简单管路系用满宁公式计算流速，d 和 n 的取值范围比较广。

图算依据

(1) $h > d/2$ 时的公式

由文献 [11] 651 页所知，$h > d/2$ 时（图 2.1.4-1）

$$A = \frac{d^2}{4}(\pi - \theta + \sin\theta' \cos\theta') \qquad (2.1.4\text{-}1)$$

$$R = \frac{d(\pi - \theta + \sin\theta' \cos\theta')}{4(\pi - \theta)} \qquad (2.1.4\text{-}2)$$

式中，A 为水流断面，R 为水力半径，θ 为以弧度计的半中心角，θ' 为以度计的半中心角，关系为

$$\theta = \pi\theta'/180 \qquad (2.1.4\text{-}3)$$

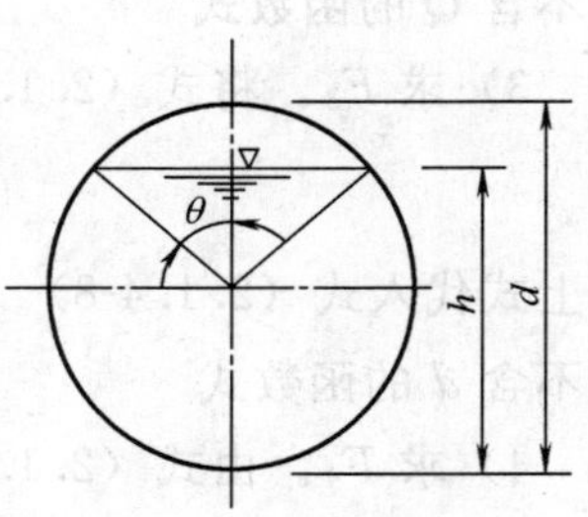

图 2.1.4-1 $h > d/2$ 断面

由图 2.1.4-1 得 $h(d-h) = \left(\frac{d}{2}\sin\theta'\right)^2 = \frac{d^2}{4}\sin^2\theta'$

得
$$\sin\theta' = 2\sqrt{\frac{h}{d}\left(1 - \frac{h}{d}\right)} \qquad (2.1.4\text{-}4)$$

[❶] 本节发表在《给水排水》1994 年 5 期

$$\cos\theta' = \sqrt{1-\sin^2\theta'} = \sqrt{1-\frac{4h}{d}\left(1-\frac{h}{d}\right)} \tag{2.1.4-5}$$

$$\theta' = \arcsin 2\sqrt{\frac{h}{d}\left(1-\frac{h}{d}\right)} \tag{2.1.4-6}$$

1) 求 F_1。将式（2.1.4-3）～（2.1.4-6）代入式（2.1.4-1）得

$$A = \frac{d^2}{4}\left\{\pi - \frac{\pi}{180}\arcsin 2\sqrt{\frac{h}{d}\left(1-\frac{h}{d}\right)} + 2\sqrt{\frac{h}{d}\left(1-\frac{h}{d}\right)\left[1-\frac{4h}{d}\left(1-\frac{h}{d}\right)\right]}\right\}$$

设

$$F_1 = \frac{1}{4}\left\{\pi - \frac{\pi}{180}\arcsin 2\sqrt{\frac{h}{d}\left(1-\frac{h}{d}\right)} + 2\sqrt{\frac{h}{d}\left(1-\frac{h}{d}\right)\left[1-\frac{4h}{d}\left(1-\frac{h}{d}\right)\right]}\right\}$$

则

$$Q = vA = vd^2 F_1 \tag{2.1.4-7}$$

得不含 i 的函数式

$$F_1 = Q/d^2 v \tag{2.1.4-8}$$

2) 求 F_2。$R = \dfrac{A}{\rho} = \dfrac{A}{d(\pi-\theta)} = \dfrac{F_1 d}{\pi-\theta}$

将式（2.1.4-3）和式（2.1.4-6）代入上式得

$$R = \frac{F_1 d}{\pi - \dfrac{\pi}{180}\arcsin 2\sqrt{\dfrac{h}{d}\left(1-\dfrac{h}{d}\right)}}$$

则

$$v = \frac{1}{n}R^{2/3} i^{1/2} = \frac{d^{2/3} i^{1/2}}{n}\left[\frac{F_1}{\pi - \dfrac{\pi}{180}\arcsin 2\sqrt{\dfrac{h}{d}\left(1-\dfrac{h}{d}\right)}}\right]^{2/3}$$

设

$$F_2 = \left[\frac{F_1}{\pi - \dfrac{\pi}{180}\arcsin 2\sqrt{\dfrac{h}{d}\left(1-\dfrac{h}{d}\right)}}\right]^{2/3} \tag{2.1.4-9}$$

得不含 Q 的函数式

$$F_2 = nv/d^{2/3} i^{1/2} \tag{2.1.4-10}$$

3) 求 F_3。将式（2.1.4-10）立方得

$$d^2 = n^3 v^3 / F_2^3 i^{3/2}$$

将上式代入式（2.1.4-8）

$$F_1 = Q i^{3/2} F_2^3 / n^3 v^4$$

得不含 d 的函数式

$$F_3 = F_1/F_2^3 = Q i^{3/2}/n^3 v^4 \tag{2.1.4-11}$$

4) 求 F_4。由式（2.1.4-8）得 $v = Q/F_1 d^2$，代入式（2.1.4-10）：

$$F_2 = nQ/F_1 d^{8/3} i^{1/2}$$

得不含 v 的函数式 $F_4 = F_1 F_2 = nQ/d^{8/3} i^{1/2}$ （2.1.4-12）

（2）$h < d/2$ 时的公式

由文献 [11] 所知，$h < d/2$ 时（图 2.1.4-2）

$$A = \frac{d^2}{4}(\theta - \sin\theta' \cos\theta')$$

$$R = \frac{d(\theta - \sin\theta' \cos\theta')}{4\theta}$$

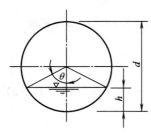

图 2.1.4-2 $h < d/2$ 断面

仿照上述方法设

$$F_1 = \frac{1}{4}\left\{\frac{\pi}{180}\arcsin 2\sqrt{\frac{h}{d}\left(1-\frac{h}{d}\right)} - 2\sqrt{\frac{h}{d}\left(1-\frac{h}{d}\right)\left[1-\frac{4h}{d}\left(1-\frac{h}{d}\right)\right]}\right\} \quad (2.1.4\text{-}13)$$

$$F_2 = \left[\frac{F_1}{\frac{\pi}{180}\arcsin 2\sqrt{\frac{h}{d}\left(1-\frac{h}{d}\right)}}\right]^{2/3} \quad (2.1.4\text{-}14)$$

仍可得到式（2.1.4-8）、式（2.1.4-10）～式（2.1.4-12）。

图 2.1.4-3 即由式（2.1.4-7）、式（2.1.4-9）、式（2.1.4-11）～式（2.1.4-14）所作成。将该图放大改绘成图 2.1.4 供计算使用。将各种类型的算法总结于表 2.1.4。

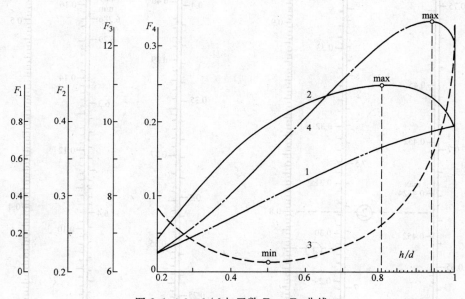

图 2.1.4-3 h/d 与函数 $F_1 \sim F_4$ 曲线

【例 2.1.4-1】 无压泄洪隧洞长 $L=1000$m，圆形断面直径 $d=7.5$m，底坡 $i=1/500$，粗糙系数 $n=0.013$，最大泄洪流量 $Q=220$m³/s，求正常水深。（文献 [13] 16 页）

【解】 已知数符合表 2.1.4 类型 1。代入式（2.1.4-12）计算

$$F_4 = \frac{0.013 \times 220}{7.5^{8/3} \times 0.002^{1/2}} = 0.2967$$

用 F_4 值在图 2.1.4 画水平线①，得 $h/d=0.78$，则 $h=7.5 \times 0.78=5.85$m

【例 2.1.4-2】 钢筋混凝土圆管 $D=1000$mm，充满度 $h/d=0.8$，水力坡降 $i=3.3‰$，求管内流速及流量。$n=0.014$。（文献 [1] 471 页）

【解】 已知数符合表 2.1.4 类型 7。用 h/d 值在图 2.1.4 画水平线②，得 $F_1=0.6735$，$F_2=0.4522$，代入式（2.1.4-10）及式（2.1.4-8）计算：

$$v = \frac{1}{n}F_2 d^{2/3} i^{1/2} = \frac{0.4522 \times 1^{2/3} \times 0.0033^{1/2}}{0.014} = 1.8555 \approx 1.86\text{m/s}$$

$$Q = F_1 d^2 v = 0.6735 \times 1^2 \times 1.8555 = 1.25\text{m}^3/\text{s}$$

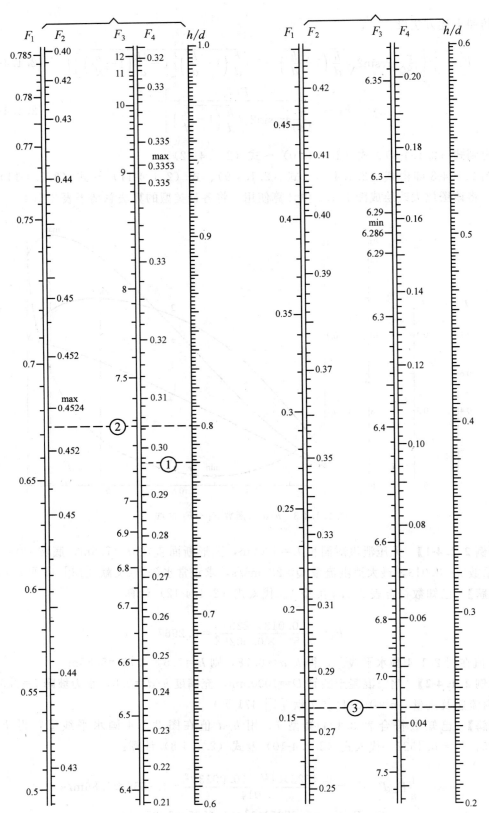

图 2.1.4 非满流排水圆管算图

【例 2.1.4-3】 文献 [1] 82页的卧式贮罐的横断面如图 2.1.4-2，罐内液体在圆体部分的体积为 $V_1=\pi d^2 Lk/4$，式中圆柱长度 L 为 2m，圆柱体内径 d 为 1m，试求液体深度 $h=0.25$m 时的体积 V_1。

【解】 上式中的 $\pi k/4$ 等于式 (2.1.4-7) 中的 F_1，故用 $h/d=0.25$ 在图 2.1.4 画水平线③，得 $F_1=0.154$，代入式中计算：$V_1=0.154\times 1^2 \times 2=0.308$m³。

非满流圆管图算法求解类型 表 2.1.4

类型	已知	未知	求解过程
1	n,Q,d,i	$V,\dfrac{h}{d}$	式(2.1.4-12) $\begin{cases} h/d \\ F_1-\text{式}(2.1.4\text{-}8)-V \end{cases}$
2	n,Q,d,V	$i,\dfrac{h}{d}$	式(2.1.4-8) $\begin{cases} h/d \\ F_2-\text{式}(2.1.4\text{-}12)-i \end{cases}$
3	n,Q,d,V	$d,\dfrac{h}{d}$	式(2.1.4-11) $\begin{cases} h/d \\ F_2-\text{式}(2.1.4\text{-}10)-d \end{cases}$
4	n,d,i,V	$Q,\dfrac{h}{d}$	式(2.1.4-10) $\begin{cases} h/d \\ F_1-\text{式}(2.1.4\text{-}8)-Q \end{cases}$
5	$n,\dfrac{h}{d},i,Q$	d,V	图 2.1.4 $\begin{cases} F_3-\text{式}(2.1.2\text{-}11)-V \\ F_1-\text{式}(2.1.4\text{-}8)-d \end{cases}$
6	$n,\dfrac{h}{d},i,V$	Q,d	图 2.1.4 $\begin{cases} F_3-\text{式}(2.1.4\text{-}11)-Q \\ F_1-\text{式}(2.1.4\text{-}8)-d \end{cases}$
7	$n,\dfrac{h}{d},i,d$	Q,V	图 2.1.4 $\begin{cases} F_1-\text{式}(2.1.4\text{-}10)-V \\ F_1-\text{式}(2.1.4\text{-}8)-Q \end{cases}$
8	$n,\dfrac{h}{d},Q,V$	i,d	图 2.1.4 $\begin{cases} F_1-\text{式}(2.1.4\text{-}8)-d \\ F_1-\text{式}(2.1.4\text{-}10)-i \end{cases}$
9	$n,\dfrac{h}{d},Q,d$	i,V	图 2.1.4 $\begin{cases} F_1-\text{式}(2.1.4\text{-}8)-V \\ F_1-\text{式}(2.1.4\text{-}10)-i \end{cases}$
10	$n,\dfrac{h}{d},V,d$	i,Q	图 2.1.4 $\begin{cases} F_1-\text{式}(2.1.4\text{-}8)-Q \\ F_2-\text{式}(2.1.4\text{-}10)-i \end{cases}$

2.1.5 矩形断面暗沟水力计算

由文献 [1] 804页和837页所知，矩形断面暗沟满流水力计算应用公式 (2.1.5-1) 和公式 (2.1.5-2)，非满流水力计算应用公式 (2.1.5-1) 和公式 (2.1.5-3)：

$$Q=WHv \tag{2.1.5-1}$$

满流
$$v=\frac{1}{n}i^{1/2}\left(\frac{WH}{2W+2H}\right)^{2/3} \tag{2.1.5-2}$$

非满流 $$v=\frac{1}{n}i^{1/2}\left(\frac{WH}{W+2H}\right)^{2/3} \qquad (2.1.5-3)$$

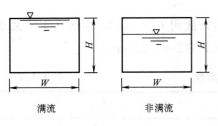

图 2.1.5 矩形断面示意

计算时已取定粗糙系数 n 值。在流量 Q，流速 v，水力坡降 i，底宽 W 和水深 H 这5个水力因素中，已知3个可由上述公式求出其余两值。

由表 2.1.5 列出满流和非满流矩形断面暗沟水力计算公式，以便系统地理解。下述 6 例计算，可与文献 [1] 的图表数字印证。

【例 2.1.5-1】 非满流：矩形断面暗沟的 $n=0.013$，$Q=1\text{m}^3/\text{s}$，$v=2\text{m/s}$，$i=0.0043$，求 W 和 H。

【解】 已知数符合表 2.1.5 第 5 类，解二次方程 $H^2-aH+Q/2v=0$

$$a=\frac{1\times 0.0043^{3/4}}{2\times 2^{5/2}\times 0.013^{3/2}}=1,\quad Q/2v=1/(2\times 2)=0.25$$

解方程 $H^2-H+0.25=0$，得 $H=0.5\text{m}$

$$W=Q/Hv=1/(0.5\times 2)=1\text{m}$$

【例 2.1.5-2】 非满流：矩形断面暗沟的 $n=0.013$，$Q=1\text{m}^3/\text{s}$，$i=0.0043$，$W=1\text{m}$，求 H 和 v。

【解】 已知数符合表 2.1.5 第 6 类，解三项方程 $H^{5/2}-\frac{2A}{W}H-A=0$

$$A=\left(\frac{0.013\times 1}{0.0043^{1/2}\times 1}\right)^{3/2}=0.08826,\quad a=\frac{2A}{W}=0.1765$$

以 $a=0.1765$，$b=A=0.08826$，在图 2.1.5-1 画直线②，得 $x=H=0.5\text{m}$。

$$v=Q/WH=1/(0.5\times 1)=2\text{m/s}$$

矩形暗沟水力计算公式 表 2.1.5

类别	已知	未知	非满流计算公式	满流计算公式
1	n W,v,i	H,Q	$H=\dfrac{W(nv)^{3/2}}{Wi^{3/4}-2(nv)^{3/2}}$ $Q=WHv$	$H=\dfrac{2W(nv)^{3/2}}{Wi^{3/4}-2(nv)^{3/2}}$ $Q=WHv$
2	n W,v,Q	H,i	$i=(nv)^2\left(\dfrac{W+2H}{WH}\right)^{4/3}$ $H=Q/Wv$	$i=(nv)^2\left(\dfrac{2W+2H}{WH}\right)^{4/3}$ $H=Q/Wv$
3	n v,i,H	W,Q	$W=\dfrac{2H(nv)^{3/2}}{Hi^{3/4}-(nv)^{3/2}}$ $Q=WHv$	$W=\dfrac{2H(nv)^{3/2}}{Hi^{3/4}-2(nv)^{3/2}}$ $Q=WHv$
4	n Q,v,H	W,i	$W=Q/Hv$ 求 i 同 2 类	$W=Q/Hv$ 求 i 同 2 类

续表

类别	已知	未知	非满流计算公式	满流计算公式
5	n Q,v,i	H,W	解二次方程 $H^2-aH+Q/2v=0$ 式中 $a=\dfrac{Qi^{3/4}}{2v^{5/2}n^{3/2}}$ $W=Q/Hv$	解二次方程 $H^2-aH+Q/v=0$ 求 a 与 W 同左
6	n Q,i,W	H,v	解三项方程 $H^{5/2}-\dfrac{2A}{W}H-A=0$ $A=\left(\dfrac{nQ}{i^{1/2}W}\right)^{3/2}, v=Q/WH$	解三项方程 $H^{5/2}-\dfrac{2A}{W}H-2A=0$ 求 A 与 v 同左
7	n Q,i,H	W,v	解三项方程 $W^{5/2}-A_1W-2A_1H=0$ $A_1=\dfrac{(nQ)^{3/2}}{i^{3/4}H^{5/2}}, v=Q/WH$	解三项方程 $W^{5/2}-A_1W-A_1H=0$ $A_1=\dfrac{2(nQ)^{3/2}}{i^{3/4}H^{5/2}}, v=Q/WH$
8	n H,W,i	Q,v	$v=\dfrac{1}{n}i^{1/2}\left(\dfrac{WH}{W+2H}\right)^{2/3}$ $Q=WHv$	$v=\dfrac{1}{n}i^{1/2}\left(\dfrac{WH}{2W+2H}\right)^{2/3}$ $Q=WHv$
9	n H,W,v	Q,i	$Q=WHv$ 求 i 同 2 类	$Q=WHv$ 求 i 同 2 类
10	n H,W,Q	v,i	$v=Q/WH$ 求 i 同 2 类	$v=Q/WH$ 求 i 同 2 类

【例 2.1.5-3】 非满流：矩形断面暗沟 $n=0.013$，$Q=1\mathrm{m}^3/\mathrm{s}$，$i=0.0043$，$H=0.5\mathrm{m}$，求 W 和 v。

【解】 已知数符合表 2.1.5 第 7 类，解三项方程 $W^{5/2}-A_1W-2A_1H=0$

$$A_1=\dfrac{(1\times0.013)^{3/2}}{0.0043^{3/4}\times 0.5^{5/2}}=0.5$$

则 $a=A_1=0.5$，$b=2A_1H=0.5$，用 a 和 b 值在图 2.1.5-1 画直线③，交曲线得 $x=W=1\mathrm{m}$

$$v=Q/WH=1/(1\times 0.5)=2\mathrm{m/s}$$

【例 2.1.5-4】 满流：矩形断面暗沟 $n=0.013$，$Q=1\mathrm{m}^3/\mathrm{s}$，$v=2\mathrm{m/s}$，$i=0.00737$，求 W 和 H。

【解】 已知数符合表 2.1.5 第 5 类，解二次方程 $H^2-aH+Q/v=0$

$$a=\dfrac{1\times 0.00737^{3/4}}{2\times 2^{5/2}\times 0.013^{3/2}}=1.5$$

$$Q/v=1/2=0.5$$

解方程 $H^2-1.5H+0.5=0$，得 $H=0.5\mathrm{m}$

$$W=Q/Hv=1/(0.5\times 2)=1\mathrm{m}$$

【例 2.1.5-5】 满流：矩形断面暗沟的 $n=0.013$，$Q=1\mathrm{m}^3/\mathrm{s}$，$W=1\mathrm{m}$，$i=0.00737$，求 H 和 v。

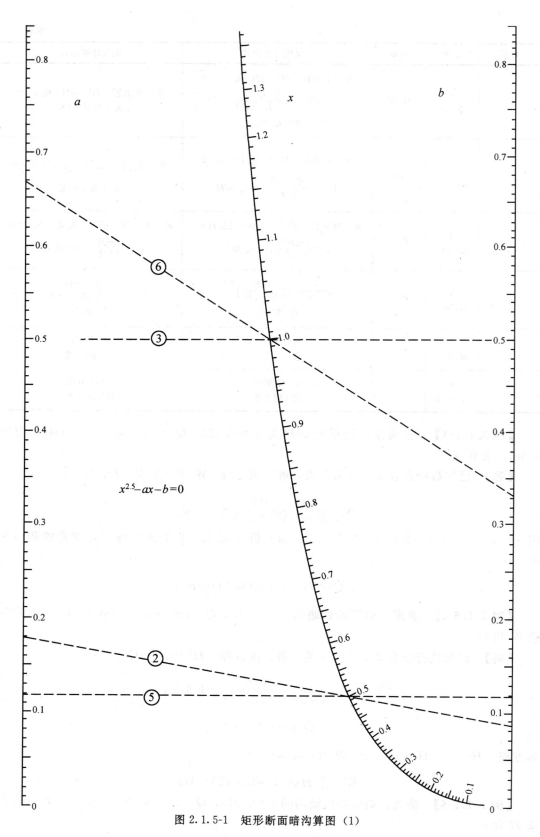

图 2.1.5-1 矩形断面暗沟算图 (1)

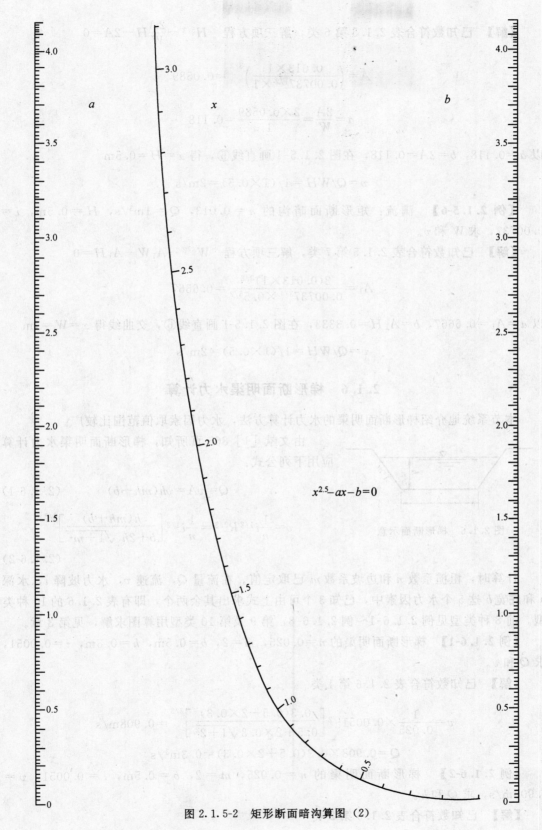

$$x^{2.5} - ax - b = 0$$

图 2.1.5-2 矩形断面暗沟算图（2）

【解】 已知数符合表 2.1.5 第 6 类，解三项方程 $H^{5/2}-\dfrac{2A}{W}H-2A=0$

$$A=\left(\dfrac{0.013\times 1}{0.00737^{1/2}\times 1}\right)^{3/2}=0.0589$$

$$a=\dfrac{2A}{W}=\dfrac{2\times 0.0589}{1}=0.118$$

以 $a=0.118$，$b=2A=0.118$，在图 2.1.5-1 画直线⑤，得 $x=H=0.5\mathrm{m}$

$$v=Q/WH=1/(1\times 0.5)=2\mathrm{m/s}$$

【例 2.1.5-6】 满流：矩形断面暗沟的 $n=0.013$，$Q=1\mathrm{m}^3/\mathrm{s}$，$H=0.5\mathrm{m}$，$i=0.00737$，求 W 和 v。

【解】 已知数符合表 2.1.5 第 7 类，解三项方程 $W^{5/2}-A_1 W-A_1 H=0$

$$A_1=\dfrac{2(0.013\times 1)^{3/2}}{0.00737^{3/4}\times 0.5^{5/2}}=0.6667$$

以 $a=A_1=0.6667$，$b=A_1 H=0.3333$，在图 2.1.5-1 画直线⑥，交曲线得 $x=W=1\mathrm{m}$

$$v=Q/WH=1/(1\times 0.5)=2\mathrm{m/s}$$

2.1.6 梯形断面明渠水力计算

本节系统地介绍梯形断面明渠的水力计算方法，水力因素取值范围比较广。

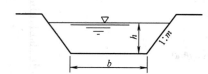

图 2.1.6 梯形断面示意

由文献 [1] 865 页所知，梯形断面明渠水力计算应用下列公式：

$$Q=vA=vh(mh+b) \tag{2.1.6-1}$$

$$v=\dfrac{1}{n}i^{1/2}R^{2/3}=\dfrac{1}{n}i^{1/2}\left[\dfrac{h(mh+b)}{b+2h\sqrt{1+m^2}}\right]^{2/3} \tag{2.1.6-2}$$

计算时，粗糙系数 n 和边坡系数 m 已取定值。在流量 Q，流速 v，水力坡降 i，水深 h 和底宽 b 这 5 个水力因素中，已知 3 个可由上式求出其余两个，即有表 2.1.6 的 10 种类型。前 8 种类型见例 2.1.6-1～例 2.1.6-8，第 9 及第 10 类型用算图求解，见第 3 章。

【例 2.1.6-1】 梯形断面明渠的 $n=0.025$，$m=2$，$b=0.5\mathrm{m}$，$h=0.3\mathrm{m}$，$i=0.0051$，求 Q 和 v。

【解】 已知数符合表 2.1.6 第 1 类

$$v=\dfrac{1}{0.025}\times 0.0051^{1/2}\left[\dfrac{0.3(0.5+2\times 0.3)}{0.5+2\times 0.3\sqrt{1+2^2}}\right]^{2/3}=0.908\mathrm{m/s}$$

$$Q=0.908\times 0.3(0.5+2\times 0.3)=0.3\mathrm{m}^3/\mathrm{s}$$

【例 2.1.6-2】 梯形断面明渠的 $n=0.025$，$m=2$，$b=0.5\mathrm{m}$，$i=0.0051$，$v=0.908\mathrm{m/s}$，求 Q 和 h。

【解】 已知数符合表 2.1.6 第 2 类

$$K=\left(\frac{0.908\times0.025}{0.0051^{1/2}}\right)^{3/2}=0.1792$$

解二次方程 $2h^2-h(2\times0.1792\sqrt{1+2^2}-0.5)-0.5\times0.1792=2$,得 $h=0.3$m。
算 Q 值同例 2.1.6-1。

【例 2.1.6-3】 梯形断面明渠的 $n=0.025$,$m=2$,$h=0.3$m,$i=0.0051$,$v=0.908$m/s,求 Q 和 b。

【解】 已知数符合表 2.1.6 第 3 类,先按例 2.1.6-2 的方法算出 $K=0.1792$,

$$b=\frac{2\times0.3\times0.1792\sqrt{1+2^2}-2\times0.3^2}{0.3-0.1792}=0.5\text{m}$$

算 Q 同例 2.1.6-1。

【例 2.1.6-4】 梯形断面明渠 $n=0.025$,$m=2$,$h=0.3$m,$b=0.5$m,$v=0.908$m/s,求 i 和 Q。

【解】 已知数符合表 2.1.6 第 4 类,

$$i=\left[0.908\times0.025\left(\frac{0.5+2\times0.3\sqrt{1+2^2}}{0.5\times0.3+2\times0.3^2}\right)^{2/3}\right]^2=0.0051$$

算 Q 同例 2.1.6-1。

【例 2.1.6-5】 梯形断面明渠 $n=0.025$,$m=2$,$Q=0.3$m³/s,$v=0.908$m/s,$b=0.5$m,求 h 和 i。

【解】 已知数符合表 2.1.6 第 5 类,解二次方程

$$2h^2+0.5h-\frac{0.3}{0.908}=0$$

得 $h=0.3$m。算 i 同例 2.1.6-4。

【例 2.1.6-6】 梯形断面明渠 $n=0.025$,$m=2$,$Q=0.3$m³/s,$v=0.908$m/s,$h=0.3$m,求 b 和 i。

【解】 已知数符合表 2.1.6 第 6 类,

$$b=\frac{0.3}{0.908\times0.3}-2\times0.3=0.5\text{m}$$

算 i 同例 2.1.6-4。

【例 2.1.6-7】 梯形断面明渠的 $n=0.025$,$m=2$,$Q=0.3$m³/s,$b=0.5$m,$h=0.3$m,求 v 和 i。

【解】 已知数符合表 2.1.6 第 7 类,

$$v=\frac{0.3}{0.3(2\times0.3+0.5)}=0.909\text{m/s}$$

算 i 同例 2.1.6-4。

【例 2.1.6-8】 梯形断面明渠 $n=0.025$,$m=2$,$Q=0.3$m³/s,$v=0.908$m/s,$i=0.0051$,求 b 和 h。

【解】 已知数符合表 2.1.6 第 8 类,解二次方程

$$(2\sqrt{1+2^2}-2)h^2 - \frac{0.3 \times 0.0051^{3/4}}{0.908^{5/2} \times 0.025^{3/2}}h + \frac{0.3}{0.908} = 0$$

即 $2.4721h^2 - 1.8431h + 0.3304 = 0$，解得 $h = 0.3\mathrm{m}$。算 b 同例 2.1.6-6。

梯形断面明渠水力计算公式　　　　表 2.1.6

类别	已知	未知	求 解 方 程
1	b,h,i	Q,v	$v = \frac{1}{n}i^{1/2}\left[\frac{h(b+mh)}{b+2h\sqrt{1+m^2}}\right]^{2/3}$ $Q = vh(b+mh)$
2	b,i,v	Q,h	解二次方程：$mh^2 - h(2K\sqrt{1+m^2}-b) - bK = 0$ 式中 $K = \left(\frac{vn}{i^{1/2}}\right)^{3/2}$，算 Q 同 1 类
3	h,i,v	Q,b	$b = \frac{2Kh\sqrt{1+m^2}-mh^2}{h-K}$ 算 K 及 Q 同 2 类
4	b,h,v	Q,i	$i = \left[vn\left(\frac{b+2h\sqrt{1+m^2}}{bh+mh^2}\right)^{2/3}\right]^2$ 算 Q 同 1 类
5	Q,v,b	h,i	解二次方程：$mh^2 + bh - \frac{Q}{v} = 0$ 算 i 同 4 类
6	Q,v,h	b,i	$b = \frac{Q}{vh} - mh$ 算 i 同 4 类
7	Q,b,h	v,i	$v = Q/h(mh+b)$ 算 i 同 4 类
8	Q,v,i	b,h	解二次方程：$(2\sqrt{1+m^2}-m)h^2 - \frac{Qi^{3/4}}{v^{5/2}n^{3/2}}h + \frac{Q}{v} = 0$ 算 b 同 6 类
9	Q,i,b	v,h	用图算法求 h，见第 3 章 算 v 同 7 类
10	Q,i,h	v,b	用图算法求 b，见第 3 章 算 v 同 7 类

2.1.7 防露层厚度图算法

文献 [1] 295 页，论述解下一超越方程求防露层厚度 δ：

$$(d+2\delta)\ln\frac{d+2\delta}{d} = 0.11$$

本节介绍一种通用的图算法。

图算依据　上述方程的一般形式为

$$(d+2\delta)\ln\frac{d+2\delta}{d} = A \tag{2.1.7-1}$$

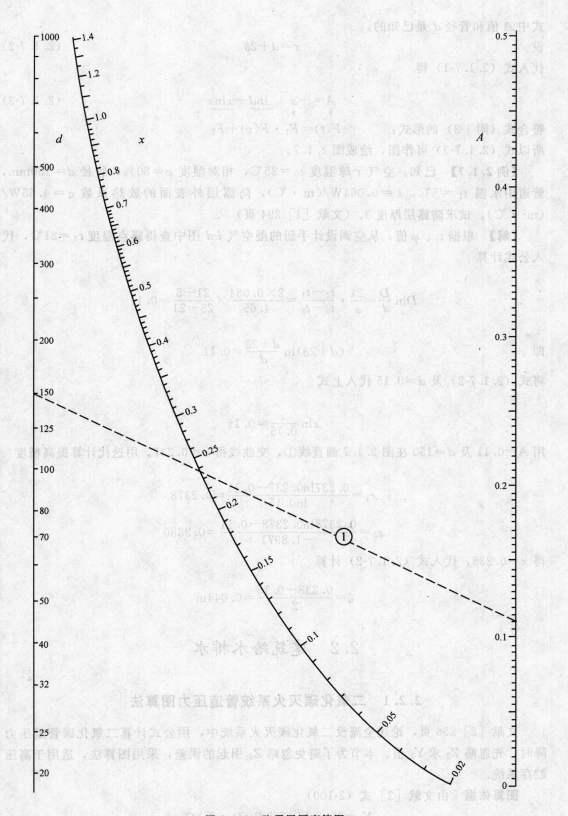

图 2.1.7 防露层厚度算图

式中 A 值和管径 d 是已知的。

设
$$x=d+2\delta \tag{2.1.7-2}$$

代入式（2.1.7-1）得

$$A=-x\ln d+x\ln x \tag{2.1.7-3}$$

符合式（附 1-3）的形式：　　　　$F(t)=F_1 \cdot F(v)+F_2$

所以式（2.1.7-3）可作图，绘成图 2.1.7。

【例 2.1.7】 已知：空气干球温度 $t_0=25℃$，相对湿度 $\varphi=80\%$，管径 $d=150mm$，管道中水温 $t_1=5℃$，$\lambda=0.064W/(m\cdot℃)$，防露层外表面的放热系数 $\alpha=4.65W/(m^2\cdot℃)$。试求防露层厚度 δ。（文献［1］294 页）

【解】 根据 t_0、φ 值，从空调设计手册的湿空气 i-d 图中查得露点温度 $t_2=21℃$，代入公式计算

$$D\ln\frac{D}{d}=\frac{2\lambda}{\alpha}\cdot\frac{t_2-t_1}{t_0-t_2}=\frac{2\times 0.064}{4.65}\times\frac{21-5}{25-21}=0.11$$

即
$$(d+2\delta)\ln\frac{d+2\delta}{d}=0.11$$

将式（2.1.7-2）及 $d=0.15$ 代入上式

$$x\ln\frac{x}{0.15}=0.11$$

用 $A=0.11$ 及 $d=150$ 在图 2.1.7 画直线①，交曲线得 $x=0.237$。用迭代计算提高精度

$$x_1=\frac{0.237\ln 0.237-0.11}{\ln 0.15}=0.2378$$

$$x_2=\frac{0.2378\ln 0.2378-0.11}{-1.8971}=0.2380$$

得 $x=0.238$，代入式（2.1.7-2）计算

$$\delta=\frac{0.238-0.15}{2}=0.044m$$

2.2　建筑给水排水

2.2.1　二氧化碳灭火系统管道压力图算法

文献［2］256 页，论述全淹没二氧化碳灭火系统中，用公式计算二氧化碳管道压力降时，先忽略 Z_2 求 Y_2 值。本节为了避免忽略 Z_2 引起的误差，采用图算法，适用于高压贮存系统。

图算依据 由文献［2］式（2-100）

$$Y_2=Y_1+ALQ^2+B(Z_2-Z_1)Q^2$$

设
$$K_1 = Y_1 + ALQ^2 - BZ_1Q^2 \quad (2.2.1-1)$$
$$K_2 = BQ^2 \quad (2.2.1-2)$$

又由文献[2]表2-142知，Z_2是Y的函数，记为$Z_2 = f(Y)$

代入上式得 $\quad K_1 \quad = \quad Y_2 + K_2[-f(Y)]$

符合式（附1-3）的形式： ↓ ↓ ↓ ↓ (2.2.1-3)

$$F(t) = F_2(u) + F(v)F_1(u)$$

所以式（2.2.1-3）可绘成算图，见图2.2.1。

【例 2.2.1】 解 $Y_2 = 153.10 + 569.2Z_2$（文献[2] 263页）

【解】 已知$K_1 = 153.10$，$K_2 = 569.2$，在图2.2.1画直线①，交曲线图尺得$Y_2 = 246$ (MPa·kg)/m³，$P_2 = 4.842$MPa。得$Z_2 = (246 - 153.1) \div 569.2 = 0.163$

附：图2.2.1的绘制方法

取图宽$a = 14$cm，高20cm。依据一些例题，取$K_1 = 0 \sim 500$，$K_2 = 200 \sim 700$。求K_1的图尺系数：$b(500 - 0) = 20$cm，$b = 0.04$；求K_2的图尺系数：$c(700 - 200) = 20$cm，$c = 0.04$。

依式（附1-4）得图2.2.1的Y曲线图尺的坐标如下，式中F_1为负值，即$-f(Y)$：

$$x = \frac{a}{1 - \frac{b}{c}F_1} = \frac{14}{1 + f(Y)}, \quad y = \frac{bF_2}{1 - \frac{b}{c}F_1} = \frac{0.04Y_2}{1 + f(Y)}$$

由图2.2.1-1，$\frac{y_2}{8} = \frac{14 - x}{14} = 1 - \frac{x}{14}$，$y_2 = 8 - \frac{4}{7}x$，$y_1 = y - y_2 = y - 8 + \frac{4}{7}x$

另由文献[2]表2-142绘Y-Z曲线，查出与Y_2相应的Z_2值。

曲线坐标计算法　　　　　表 2.2.1

Y_2	$Z_2 = f(Y)$	x	y	y_1
50	0.032	13.5659	1.9380	1.6896
100	0.064	13.1579	3.7590	3.2778
⋮	⋮	⋮	⋮	⋮
950	0.863	7.5148	20.3972	16.6914
1000	0.940	7.2165	20.6186	16.7321

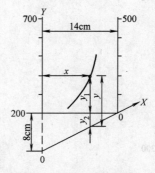

图 2.2.1-1　计算示意

2.2.2 平均对数温度差图算法

文献[2] 381页的图3-14是由式（2.2.2-1）绘成的

$$\Delta t_j = \frac{\Delta t_{\max} - \Delta t_{\min}}{\ln \frac{\Delta t_{\max}}{\Delta t_{\min}}} \quad (2.2.2-1)$$

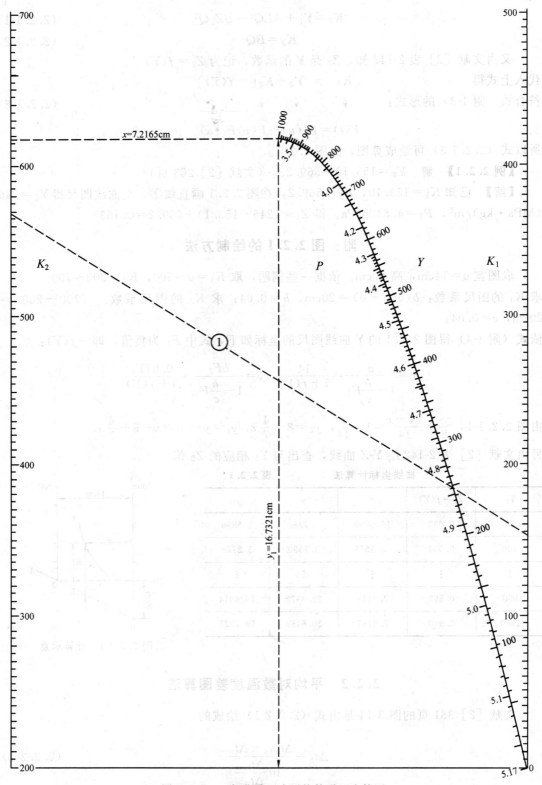

图 2.2.1 二氧化碳灭火系统管道压力算图

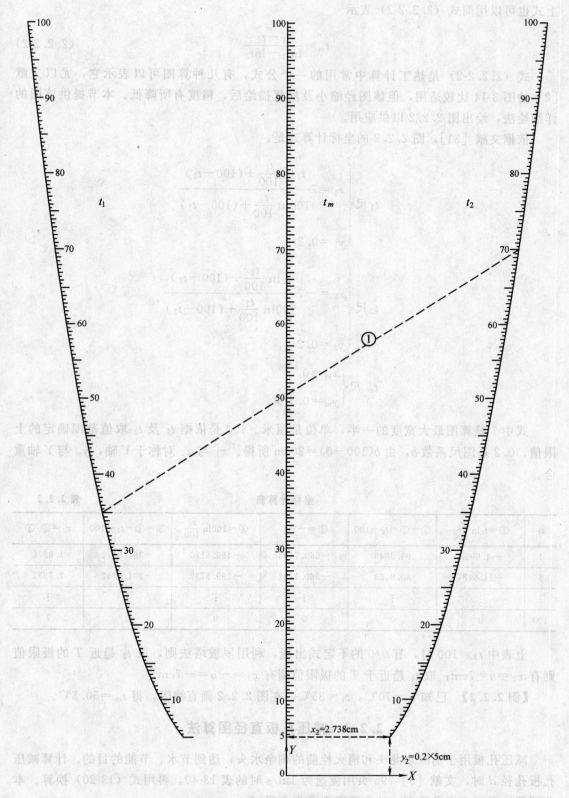

图 2.2.2 平均对数温差算图

上式也可以用简式（2.2.2-2）表示

$$t_m = \frac{t_1 - t_2}{\ln t_1 - \ln t_2} \tag{2.2.2-2}$$

式（2.2.2-2）是热工计算中常用的一个公式，有几种算图可以表示它，尤以文献［2］的图 3-14 比较适用，但该图经缩小及反复描绘后，精度有所降低。本节提供该图的详细绘法，绘出图 2.2.2 以供应用。

依据文献［31］，图 2.2.2 的坐标计算式是：

$$t_1 \text{尺} \begin{cases} x_1 = 7 \dfrac{t_1 \ln \dfrac{t_1}{100} + (100 - t_1)}{100 \ln \dfrac{t_1}{100} + (100 - t_1)} \\ \\ y_1 = 0.2 t_1 \end{cases}$$

$$t_2 \text{尺} \begin{cases} x_2 = -7 \dfrac{t_2 \ln \dfrac{t_2}{100} + (100 - t_2)}{100 \ln \dfrac{t_2}{100} + (100 - t_2)} \\ \\ y_2 = 0.2 t_2 \end{cases}$$

$$t_m \text{尺} \begin{cases} x_m = 0 \\ y_m = 0.2 t_m \end{cases}$$

式中 7 是算图最大宽度的一半，单位是厘米。100 是依据 t_1 及 t_2 取值范围确定的上限值。0.2 是图尺系数 b，由 $b(100-0)=20$ cm 所得。x_1 与 x_2 对称于 Y 轴，y_m 与 Y 轴重合。

坐标计算表　　　　　　　　　　　　　　　　　　表 2.2.2

t_2	①$=t_2 \ln \dfrac{t_2}{100}$	②$=$①$-t_2+100$	③$=-7$②	④$=100\ln \dfrac{t_2}{100}$	⑤$=$④$-t_2+100$	$x_2=$③$/$⑤
1	−4.6052	94.3948	−660.7636	−460.5170	−361.5170	1.8278
5	−14.9787	80.0123	−560.1491	−299.5732	−204.5732	2.7381
⋮	⋮	⋮	⋮	⋮	⋮	⋮
100	0	0	0	0	0	7

上表中 $t_2=100$ 时，有 0/0 的不定式出现，利用罗彼塔法则，取 t_2 趋近 T 的极限值则有 $x_2=a=7$ cm；取 t_1 趋近于 T 的极限值则有 $x_1=-a=-7$ cm。

【例 2.2.2】 已知 $t_2=70$℃，$t_1=35$℃，在图 2.2.2 画直线①，得 $t_m=50.5$℃。

2.2.3 减压孔板直径图算法

减压孔板用于消除水龙头和消火栓前的剩余水头，达到节水、节能的目的。计算减压孔板孔径 d 时，文献［2］796 页用流速为 1m/s 时的表 13-40，再用式（13-20）换算。本节图算法不用查表及换算，能直接求出孔板直径 d。

图算依据 已知文献［2］796 页的式（13-18）及式（13-19）：

$$\xi = \frac{2gH}{v^2} = \frac{2gH}{\left(\dfrac{Q}{\dfrac{\pi}{4}D^2}\right)^2} = \frac{12.1HD^4}{Q^2} \qquad (2.2.3\text{-}1)$$

$$\xi = \left[1.75\frac{D^2}{d^2}\frac{(1.1D^2/d^2-1)}{(1.175D^2/d^2-1)} - 1\right]^2 \qquad (2.2.3\text{-}2)$$

由式（2.2.3-2）绘成图 2.2.3。

【例 2.2.3】 已知给水干管直径 $D=100$mm，通过流量 $Q=40$m³/h$=0.01111$m³/s，设计剩余水头 $H=7$m，如果采用减压孔板消除此剩余水头，试求减压孔板之孔径 d。（文献［2］799 页）

【解】 将已知数代入式（2.2.3-1）计算：

$$\xi = \frac{12.1 \times 7 \times 0.1^4}{0.01111^2} = 68.61$$

用 ξ 和 D 值在图 2.2.3 画直线①，得 $d=41.7 \approx 42$mm。

附：图 2.2.3 的绘制方法

设 $K=D^2/d^2$，在图 2.2.3 先绘 $D=d\sqrt{K}$ 算图。K 图尺是为绘 ξ 图尺所用。故有 $\lg D = \lg d + \frac{1}{2}\lg K$。取值范围：$d=4 \sim 123$mm，$D=15 \sim 150$mm，$K=2.5 \sim 25$。

d 图尺：$m\lg(123/4)=22$cm，则图尺系数 $m=14.7865$，图尺方程为 $y=14.7865\lg(d/4)$。当 $d=4$ 时，$y=0$；当 $d=123$ 时，$y=22$cm。仿此算出几个主要点的 y 值，绘在图上。

K 图尺：$0.5n\lg(25/2.5)=22$cm，则 $n=44$，图尺方程为 $y=0.5 \times 44\lg(K/2.5)$。当 $K=2.5$ 时，$y=0$；当 $K=25$ 时，$y=22$cm。算出几个主要点的 y 值绘在图上。取 K 图尺与平行的 d 图尺相距 $a=13$cm。

D 图尺：与平行的 d 图尺距离 $x=ma/(m+n)=14.7865 \times 13 \div 58.7865=3.2699$cm。当 $d=4$，$K=2.5$ 时，$D=4\sqrt{2.5}=6.3246$，但取值 $D_{\min}=15$mm，故 15 这一点与 $D=6.3246$ 一点的距离为 $mn \div (m+n) \times (\lg15-\lg6.3246)=11.0673(\lg15-\lg6.3246)=4.1509$cm，$D=150$ 这一点距 $D=15$ 这一点距离为 11.0673cm。

d、K、D 图尺都是对数分度，细分点不必计算坐标，把图尺放在附图 1 上绘出。

ξ 图尺主要点计算表　　　　　　　　　　　　表 2.2.3

$K=D^2/d^2$	2.5	…	5	…	10	…	25
① $=1.75K(1.1K-1)$	7.6563	…	39.375	…	175	…	1159.375
② $=1.175K-1$	1.9375	…	4.875	…	10.75	…	28.375
$\xi=(①/②-1)^2$	8.712	…	50.084	…	233.45	…	1588.74

然后在毫米方格纸上另外绘出 K-ξ 曲线，用曲线值在 K 图尺的左边绘出相应的 ξ 图尺。

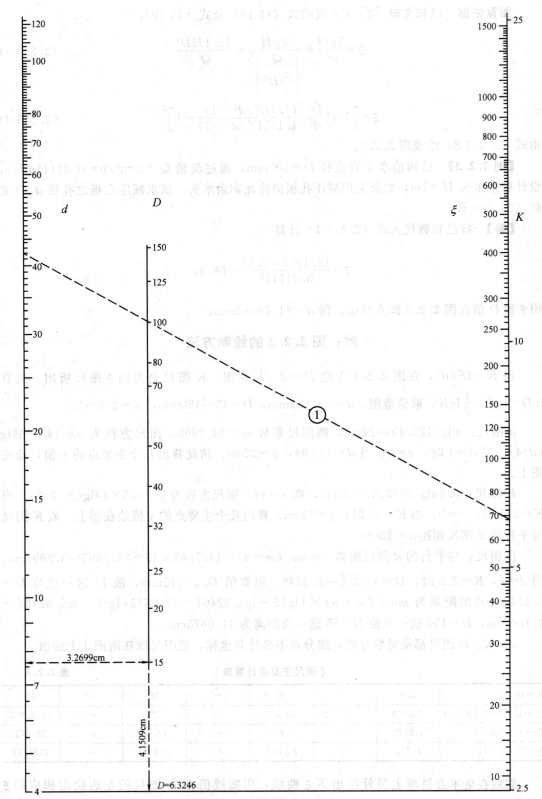

图 2.2.3 减压孔板直径算图

2.2.4 缓冲水容积计算法

文献 [2] 110页，论述设计高层建筑增压设施的实例中，假定缓冲水容积 $V_{\Delta p}$ 进行多次试算，在此介绍免去试算的方法。

由文献 [2] 110～111页得到下列关系式：

$$V_{\Delta p} = V_2 - V_{S1} \tag{2.2.4-1}$$

$$P_{S1}V_{S1} = V_2 P_2 = P_0 V = P_1 V_1 \tag{2.2.4-2}$$

$$P_{S1} = P_2 + 0.02 \tag{2.2.4-3}$$

$$V = 1.1 V_{xf}/0.3 = 3.6667 V_{xf} \tag{2.2.4-4}$$

$$V_{xf} = V_{\Delta p} + 0.35 \tag{2.2.4-5}$$

$$V_2 = V_1 - 0.3 \tag{2.2.4-6}$$

上列式子中 $V_{\Delta p}$ 是未知数。由式（2.2.4-1）～（2.2.4-3）得

$$V_{\Delta p} = V_2 - V_{S1} = V_2 - P_2 V_2/P_{S1} = V_2(1 - P_2/P_{S1}) = V_2[1 - P_2/(P_2 + 0.02)]$$

$$1 - \frac{V_{\Delta p}}{V_2} = \frac{P_0 V/V_2}{P_0 V/V_2 + 0.02} = \frac{P_0 V}{P_0 V + 0.02 V_2}$$

代入式（2.2.4-4）～（2.2.4-6）及 P_0、P_1 的值：

$$1 - \frac{V_{\Delta p}}{\frac{P_0 V}{P_1} - 0.3} = \frac{P_0 V}{P_0 V + 0.02 \left(\frac{P_0 V}{P_1} - 0.3\right)}$$

$$1 - \frac{V_{\Delta p}}{\frac{0.292}{0.321} \times 3.6667(V_{\Delta p} + 0.35) - 0.3} = \frac{0.292 \times 3.6667(V_{\Delta p} + 0.35)}{0.3102 \times 3.6667(V_{\Delta p} + 0.35) - 0.006}$$

$$\frac{2.3354 V_{\Delta p} + 0.8674}{3.3354 V_{\Delta p} + 0.8674} = \frac{1.0707 V_{\Delta p} + 0.3747}{1.1374 V_{\Delta p} + 0.3921}$$

得二次方程

$$0.9149 V_{\Delta p}^2 + 0.2762 V_{\Delta p} - 0.0151 = 0$$

$$V_{\Delta p} = \frac{-0.2762 + \sqrt{0.2762^2 + 4 \times 0.0151 \times 0.9149}}{2 \times 0.9149} = 0.047 \text{m}^3$$

2.3 城镇给水

2.3.1 集中流量折算系数图算法

文献 [3] 23页，论述管段上有不很大的集中流量时，可经折算并入前后两个节点。其折算公式为

$$\alpha = -\frac{q_t}{q} + \sqrt{\left(\frac{q_t}{q}\right)^2 + \left(2\frac{q_t}{q} + 1\right)X} \tag{2.3.1-1}$$

将上式平方，设 $x_1 = (1 + 2q_t/q)X$ (2.3.1-2)

代入上式得 $\alpha^2 + 2\alpha \dfrac{q_t}{q} = x_1$ (2.3.1-3)

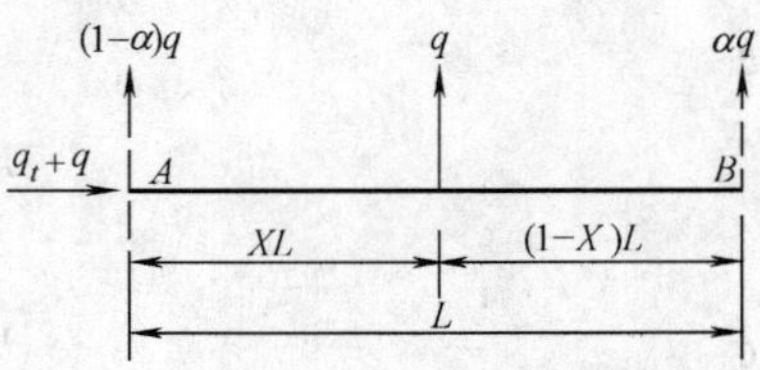

由式 (2.3.1-3) 作成图 2.3.1。

图 2.3.1-1 集中流量折算成节点流量

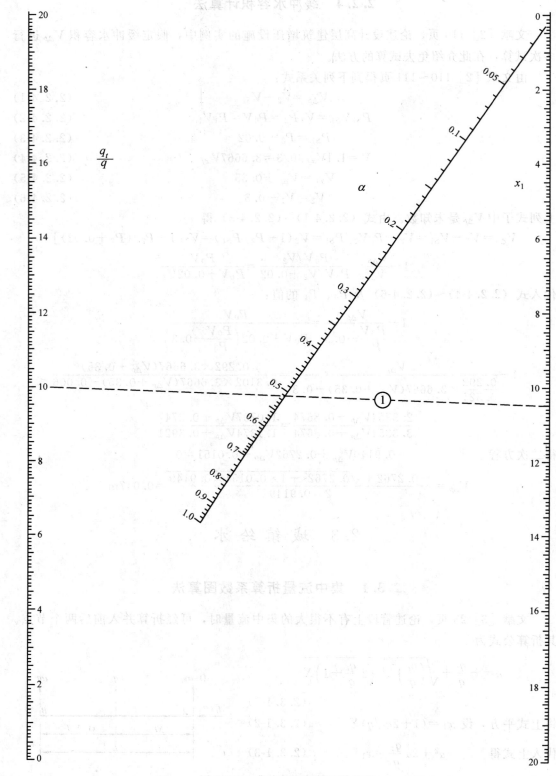

图 2.3.1 集中流量折算系数算图

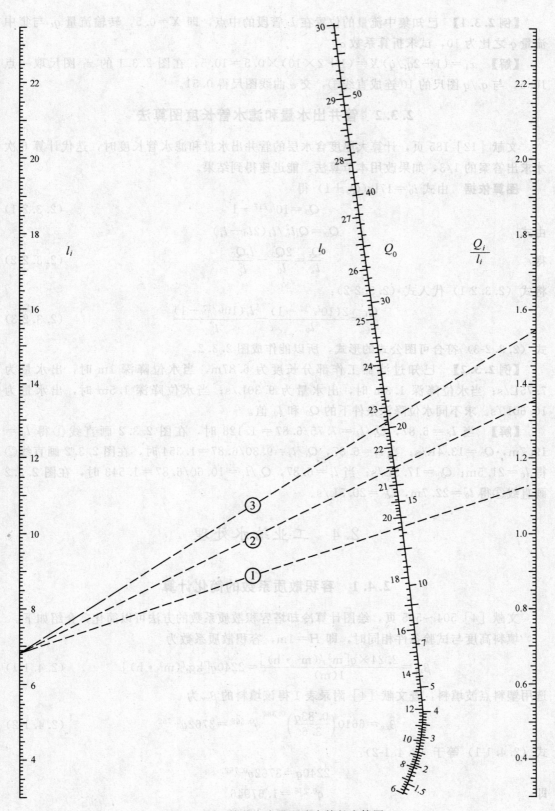

图 2.3.2 管井出水量和滤水管长度算图

【例 2.3.1】 已知集中流量的位置在 L 管段的中点，即 $X=0.5$，转输流量 q_t 与集中流量 q 之比为 10，试求折算系数 α。

【解】 $x_1=(1+2q_t/q)X=(1+2\times10)\times0.5=10.5$，在图 2.3.1 的 x_1 图尺取一点 10.5，与 q_t/q 图尺的 10 连成直线①，交 α 曲线图尺得 0.51。

2.3.2 管井出水量和滤水管长度图算法

文献 [12] 185 页，计算大厚度含水层的管井出水量和滤水管长度时，迭代计算 6 次才求出答案的 1/3，如果改用本节算法，能迅速得到结果。

图算依据 由式 $l_0=17\lg(Q_0+1)$ 得

$$Q_0=10^{l_0/17}-1 \tag{2.3.2-1}$$

由式

$$Q_0=Q_i l_0^2/l_i(2l_0-l_i)$$

得

$$\frac{Q_i}{l_i}=\frac{2Q_0}{l_0}-\frac{l_i Q_0}{l_0^2} \tag{2.3.2-2}$$

将式 (2.3.2-1) 代入式 (2.3.2-2)：

$$\frac{Q_i}{l_i}=\frac{2(10^{l_0/17}-1)}{l_0}-\frac{l_i(10^{l_0/17}-1)}{l_0^2} \tag{2.3.2-3}$$

式 (2.3.2-3) 符合可图公式的形式，所以能作成图 2.3.2。

【例 2.3.2】 已知过滤器工作部分长度为 6.87m，当水位降深 1m 时，出水量为 7.75L/s；当水位降深 1.3m 时，出水量为 9.30L/s；当水位降深 1.5m 时，出水量为 10.60L/s。求不同水位降深条件下的 Q_0 和 l_0 值。

【解】 当 $l_i=6.87$，$Q_i/l_i=7.75/6.87=1.128$ 时，在图 2.3.2 画直线①得 $l_0=19.7$m，$Q_0=13.4$L/s；当 $l_i=6.87$，$Q_i/l_i=9.30/6.87=1.354$ 时，在图 2.3.2 画直线②得 $l_0=21.5$m；$Q_0=17.3$L/s；当 $l_i=6.87$，$Q_i/l_i=10.60/6.87=1.543$ 时，在图 2.3.2 画直线③得 $l_0=22.7$m，$Q_0=20.5$L/s。

2.4 工业给水处理

2.4.1 容积散质系数的简化计算

文献 [4] 504~505 页，绘图计算冷却塔容积散质系数的方法可以简化，介绍如下。
填料高度与试验条件相同时，即 $H=1$m，容积散质系数为

$$\beta_{xv}=\frac{2.24\times q[\text{m}^3/(\text{m}^2\cdot\text{h})]}{1(\text{m})}=2240q[\text{kg}/(\text{m}^3\cdot\text{h})] \tag{2.4.1-1}$$

选用塑料点波填料，查文献 [4] 附录表 1 得该填料的 β_{xv} 为

$$\beta_{xv}=6610\left(\frac{0.83q}{3.6}\right)^{0.384}q^{0.368}=3762q^{0.752} \tag{2.4.1-2}$$

式 (2.4.1-1) 等于 (2.4.1-2)：

$$2240q=3762q^{0.752}$$

即

$$q^{0.248}=1.67946$$

$$q=1.67946^{1/0.248}=8.09$$

得 $\beta_{xv}=2240\times8.09=18121.6\text{kg}/(\text{m}^3\cdot\text{h})$

或用式（2.4.1-2）计算：$\beta_{xv}=3762\times8.09^{0.752}=18121.6\text{kg}/(\text{m}^3\cdot\text{h})$。

2.4.2 水的总含盐量算图

文献［4］附录 1 列出不同水型总含盐量 $C(\text{mg/L})$ 与电导率 $K(\mu\text{S/cm})$ 和水温 t（℃）之间存在的 4 种关系式，其中前两种关系式为：

Ⅰ-Ⅰ价型水： $C=0.5736e^{(0.0002281t^2-0.03322t)}K^{1.0713}$ (2.4.2-1)

Ⅱ-Ⅱ价型水： $C=0.5140e^{(0.0002071t^2-0.03385t)}K^{1.1342}$ (2.4.2-2)

由式（2.4.2-1）及式（2.4.2-2）绘成图 2.4.2，代替文献［4］附图 1 及附图 2，线条较少而且精度较高。同样，重碳酸盐型水和不均齐价型水的关系式也可绘成类似算图，暂略。

在图 2.4.2 中，t-C-K 的Ⅰ图尺由关系式（2.4.2-1）绘成，t-C-K 的Ⅱ图尺由关系式（2.4.2-2）绘成。

【**例 2.4.2**】 Ⅰ-Ⅰ价型水，已知 $t=20$℃，$K=10^4\mu\text{S/cm}$，在图 2.4.2 的Ⅰ图尺画直线①，交 C 图尺得 $C=6200\text{mg/L}$。

2.4.3 空气含热量图算法

在冷却构筑物设计中，计算湿空气含热量（湿空气焓）常用文献［4］式（9-15）：

$$i_{sh}=1.005\theta+0.622(2500+1.846\theta)\frac{\varphi P_q''}{P-\varphi P_q''}(\text{kJ/kg}) \quad (2.4.3-1)$$

式中 P——大气压力（Pa）；

θ——湿空气的干球温度（℃）；

φ——湿空气的相对湿度；

P_q''——同温度下饱和空气中水蒸气的分压力（Pa），按文献［4］式（9-5）计算：

$$\lg\frac{P_q''}{10^3}=2.0057173-3.142305\left(\frac{10^3}{T}-\frac{10^3}{373.16}\right)+8.2\lg\left(\frac{373.16}{T}\right)-0.0024804(373.16-T) \quad (2.4.3-2)$$

其中 $T=273+\theta$

文献［4］附图 32 由式（2.4.3-1）所作成，但线条多，图形小，答案误差较大。为提高精度，本节介绍辅以算图的算法。

在式（2.4.3-1）中，

设 $\theta_1=0.622(2500+1.846\theta)$ (2.4.3-3)

则 $i_{sh}=1.005\theta+\theta_1\dfrac{\varphi P_q''}{P-\varphi P_q''}$ (2.4.3-4)

由式（2.4.3-2）作成图 2.4.3。

【**例 2.4.3-1**】 已知 $\varphi=0.48$，$\theta=26$℃，$P=630(\text{mmHg})\times133.32=83991.6\text{Pa}$，求 i_{sh}。（文献［4］546 页）

【**解**】 在图 2.4.3 的 $\theta=26$ 一点画水平线①，得 $P_q''=3330$。用式（2.4.3-3）计算 $\theta_1=0.622(2500+1.846\times26)=1584.85$。

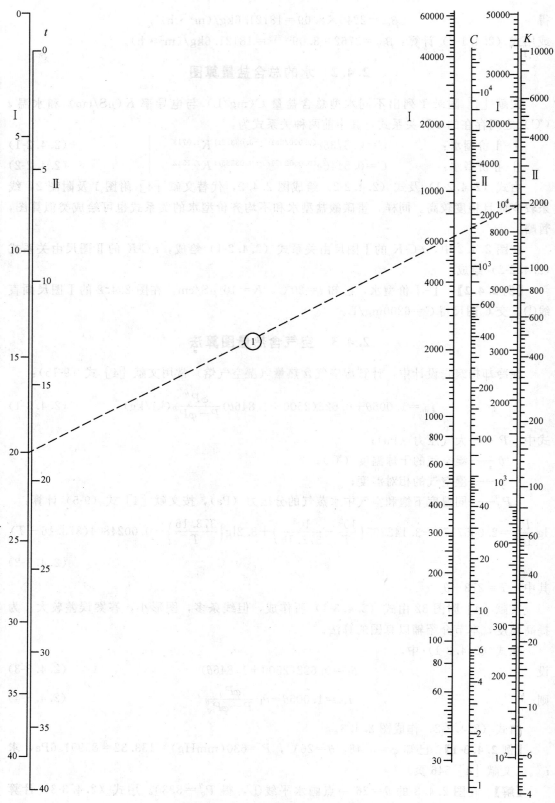

图 2.4.2 水的总含盐量算图

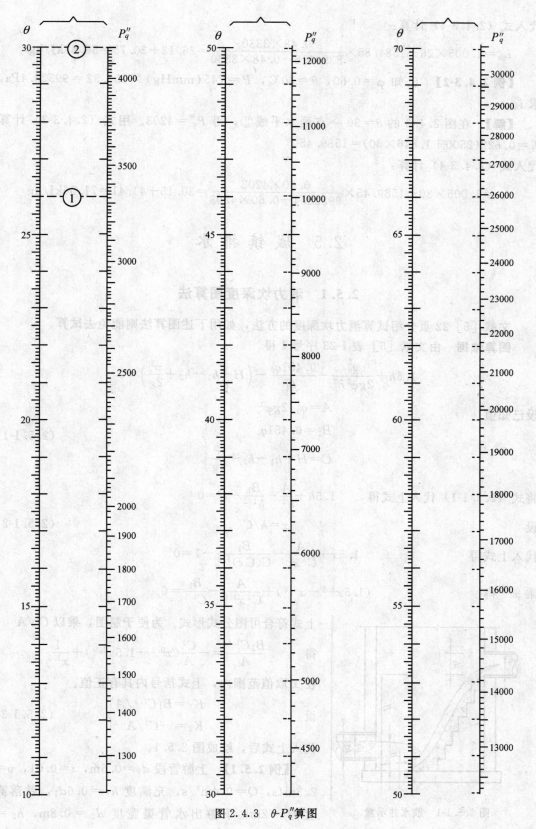

图 2.4.3 θ-P_q'' 算图

代入式（2.4.3-4）计算：

$$i_{sh}=1.005\times26+1584.85\times\frac{0.48\times3330}{83991.6-0.48\times3330}=26.13+30.75=56.88\text{kJ/kg}$$

【例 2.4.3-2】 已知 $\varphi=0.60$，$\theta=30℃$，$P=745(\text{mmHg})\times133.32=99323.4\text{Pa}$，求 i_{sh}。

【解】 在图 2.4.3 的 $\theta=30$ 一点画水平线②，得 $P_q''=4203$。用式（2.4.3-3）计算 $\theta_1=0.622(2500+1.846\times30)=1589.45$。

代入式（2.4.3-4）计算：

$$i_{sh}=1.005\times30+1589.45\times\frac{0.60\times4203}{99323.4-0.60\times4203}=30.15+41.41=71.56\text{kJ/kg}$$

2.5 城镇排水

2.5.1 消力坎深度图算法

文献［5］22 页介绍试算消力坎深度的方法，如用下述图算法则能免去试算。

图算依据 由文献［5］表 1-23 序号 1 得

$$1.5h+\frac{q_0^2}{2g\varphi^2h^2}-\frac{0.451q_0}{\sqrt{h}}-\left(H+h_1-h_2+\frac{v^2}{2g}\right)=0$$

设已知值

$$\left.\begin{array}{l}A=q_0^2/2g\varphi^2\\B_1=0.451q_0\\C=H+h_1-h_2+\dfrac{v^2}{2g}\end{array}\right\} \quad (2.5.1\text{-}1)$$

将式（2.5.1-1）代入上式得

$$1.5h+\frac{A}{h^2}-\frac{B_1}{h^{1/2}}-C=0$$

设

$$x=h/C \quad (2.5.1\text{-}2)$$

代入上式得

$$1.5x+\frac{A}{C^3x^2}-\frac{B_1}{C(Cx)^{1/2}}-1=0$$

乘 $x^{1/2}$ 得

$$(1.5x^{1.5}-x^{0.5})+\frac{A}{C^3x^{1.5}}-\frac{B_1}{C^{1.5}}=0$$

上式符合可图公式形式。为便于制图，乘以 C^3/A 得

$$\frac{B_1C^{1.5}}{A}=-\frac{C^3}{A}(x^{0.5}-1.5x^{1.5})+\frac{1}{x^{1.5}}$$

在 x 取值范围内，上式括号内具有正值。

设

$$\left.\begin{array}{l}K_1=B_1C^{1.5}/A\\K_2=-C^3/A\end{array}\right\} \quad (2.5.1\text{-}3)$$

代入上式后，绘成图 2.5.1。

【例 2.5.1】 上游管段 $d_1=0.6\text{m}$，$i=0.01$，$v=2.3\text{m/s}$，$Q=0.4\text{m}^3/\text{s}$，充满度 $h_1=0.6d_1$，跌落高度 $H=2\text{m}$，下游出水管渠宽度 $d_2=0.8\text{m}$，$h_2=$

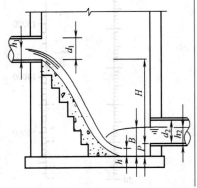

图 2.5.1-1 跌水井示意

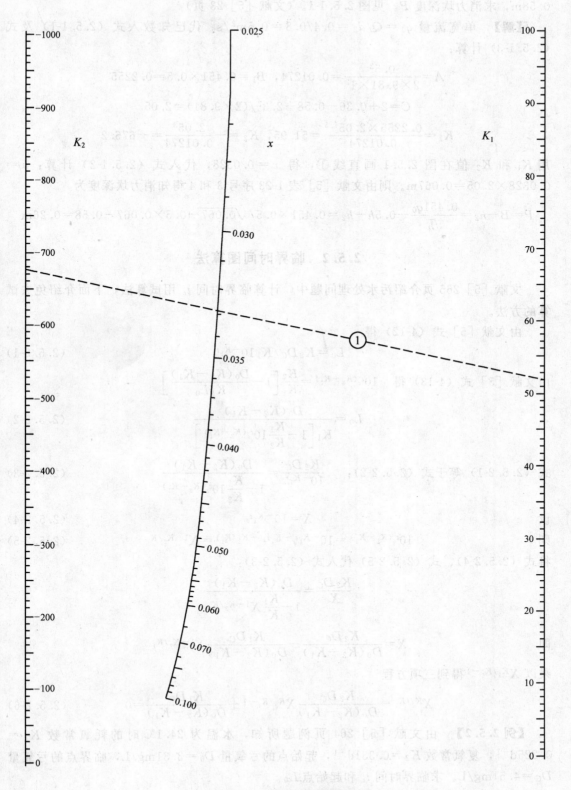

图 2.5.1 消力坎深度算图

0.58m，求消力坎深度 P。见图 2.5.1-1。（文献 [5] 23 页）

【解】 单宽流量 $q_0=Q/d_2=0.4/0.8=0.5\text{m}^2/\text{s}$。代已知数入式（2.5.1-1）及式（2.5.1-3）计算：

$$A=\frac{0.5^2}{2\times 9.81\times 1^2}=0.01274, \quad B_1=0.451\times 0.5=0.2255$$

$$C=2+0.36-0.58+2.3^2/(2\times 9.81)=2.05$$

$$K_1=\frac{0.2255\times 2.05^{1.5}}{0.01274}=51.95, \quad K_2=-\frac{2.05^3}{0.01274}=-676.2$$

用 K_1 和 K_2 值在图 2.5.1 画直线①，得 $x=0.0328$，代入式（2.5.1-2）计算：$h=0.0328\times 2.05=0.067\text{m}$。则由文献 [5] 表 1-23 序号 3 和 4 得知消力坎深度为

$$P=B-h_2=\frac{0.451q_0}{\sqrt{h}}-0.5h-h_2=0.451\times 0.5/\sqrt{0.067}-0.5\times 0.067-0.58=0.26\text{m}$$

2.5.2 临界时间图算法

文献 [5] 265 页介绍污水处理问题中，计算临界时间 t_c 用试算法，下面介绍免去试算的方法。

由文献 [5] 式（4-12）得

$$L_0=K_2 D_C/K_1 10^{-K_1 t_c} \tag{2.5.2-1}$$

由文献 [5] 式（4-13）得 $\quad 10^{t_c(K_2-K_1)}=\dfrac{K_2}{K_1}\left[1-\dfrac{D_0(K_2-K_1)}{K_1 L_0}\right]$

$\therefore$

$$L_0=\frac{D_0(K_2-K_1)}{K_1\left[1-\dfrac{K_1}{K_2}10^{t_c(K_2-K_1)}\right]} \tag{2.5.2-2}$$

式（2.5.2-1）等于式（2.5.2-2）：$\quad \dfrac{K_2 D_C}{10^{-K_1 t_c}}=\dfrac{D_0(K_2-K_1)}{1-\dfrac{K_1}{K_2}10^{t_c(K_2-K_1)}} \tag{2.5.2-3}$

设 $\quad X=10^{-K_1 t_c} \tag{2.5.2-4}$

则 $\quad 10^{t_c(K_2-K_1)}=10^{-K_1 t_c \cdot -K_1 t_c(-K_2/K_1)}=X^{1-K_2/K_1} \tag{2.5.2-5}$

将式（2.5.2-4）、式（2.5.2-5）代入式（2.5.2-3）：

$$\frac{K_2 D_C}{X}=\frac{D_0(K_2-K_1)}{1-\dfrac{K_1}{K_2}X^{1-K_2/K_1}}$$

即 $\quad X=\dfrac{K_2 D_C}{D_0(K_2-K_1)}-\dfrac{K_1 D_C}{D_0(K_2-K_1)}X^{1-K_2/K_1}$

乘以 X^{K_2/K_1-1} 得到三项方程

$$X^{K_2/K_1}-\frac{K_2 D_C}{D_0(K_2-K_1)}X^{K_2/K_1-1}+\frac{K_1 D_C}{D_0(K_2-K_1)}=0 \tag{2.5.2-6}$$

【例 2.5.2】 由文献 [5] 264 页例题所知，水温为 24.1℃ 时的耗氧常数 $K_1=0.225\text{d}^{-1}$，复氧常数 $K_2=0.331\text{d}^{-1}$，起始点的亏氧量 $D_0=3.31\text{mg/L}$，临界点的亏氧量 $D_C=4.51\text{mg/L}$。求临界时间 t_c 和起始点 L_0。

【解】 将已知数代入式（2.5.2-6），得三项方程

$$X^{1.471} - 4.2547X^{0.471} + 2.8922 = 0 \quad (2.5.2\text{-}7)$$

用图 4.3.3 求解时,因方程系数超出算图范围,须先按式(4.4-1)和式(4.4-2)算出上下横尺标值

$$A = \frac{14 \times (4.2547 - 0)}{4.2547 + 2.8922} = 8.3345, B = \frac{14(4.2547 - 1)}{4.2547 + 2.8922} = 6.3756$$

14 为图 4.3.3 的宽度(cm)。以 A 和 B 值在图 4.3.3 画直线⑤,交曲线 $m/n = 1.471/0.471 = 3.123$,得 $X^n = X^{0.471} \approx 0.78$,则 $X = 0.78^{1/0.471} = 0.59$。用弦位法提高根的精度:

$$f(0.59) = 0.59^{1.471} - 4.2547 \times 0.59^{0.471} + 2.8922 = 0.0339$$
$$f(0.60) = 0.0190, \quad f(0.62) = -0.0097$$

用式(附 2-1)计算:$X = 0.60 + (0.62 - 0.60) \div (1 + 0.0097 \div 0.0190) = 0.6132$

用式(2.5.2-4)及式(2.5.2-1)计算:

$$t_c = \frac{\lg 0.6132}{-0.225} = 0.944 d$$

$$L_0 = \frac{4.51 \times 0.331}{0.6132 \times 0.225} = 10.82 \text{mg/L}$$

2.5.3 侧堰水力计算的图算法

文献[5]109 页介绍侧堰直角引水的水力计算所用的 $h/E_S \sim F(h/E_S)$ 算图失之过小,不易求得答案,本图算法作出改进。依据文献[5]式(2-54),即

$$F\left(\frac{h}{E_S}, \frac{P}{E_S}\right) = \frac{2E_S - 3P}{E_S - P}\sqrt{\frac{E_S - h}{h - P}} - 3\text{arctg}\sqrt{\frac{E_S - h}{h - P}} \quad (2.5.3\text{-}1)$$

设
$$h_e = h/E_S$$
$$P_e = P/E_S$$
$$F = F(h/E_S, P/E_S)$$

$$A = \frac{2E_S - 3P}{E_S - P} = \frac{2 - 3P/E_S}{1 - P/E_S} = \frac{3 - 3P/E_S - 1}{1 - P/E_S} = 3 - \frac{1}{1 - P_e} \quad (2.5.3\text{-}2)$$

$$B = \sqrt{\frac{E_S - h}{h - P}} = \sqrt{\frac{1 - h/E_S}{h/E_S - P/E_S}} = \sqrt{\frac{1 - h_e}{h_e - P_e}} \quad (2.5.3\text{-}3)$$

$$B_1 = 3\text{arctg}B \quad (2.5.3\text{-}4)$$

将上列 6 式代入式(2.5.3-1)得:$F = AB - B_1$ (2.5.3-5)

由式(2.5.3-3)绘出图 2.5.3-1、图 2.5.3-2。按式(2.5.3-2)在 P_e 图尺左边绘出 A 图尺,按式(2.5.3-4)在 B 图尺右边绘出 B_1 图尺。为何 h_e 图尺是直线?因为由式(2.5.3-3)推导出 $1 + 1/B^2 = (1 - P_e)/(1 - h_e)$,符合 N 字形乘法算图的公式形式,见附图 4。

【例 2.5.3】 有一矩形河渠,宽 10m,流量为 25m³/s,现从河渠一侧直角引水,侧堰流量为 12m³/s,堰坎高 0.9m,侧堰下端水深 h_2 为 1.6m,侧堰流量系数为 0.415,试求侧堰堰宽。

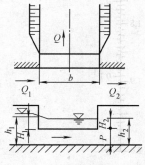

图 2.5.3 直角侧堰出流

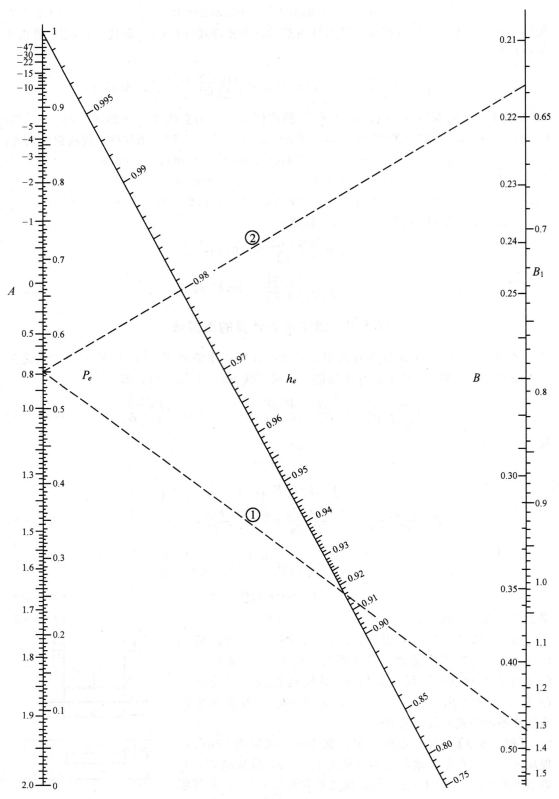

图 2.5.3-1 侧堰水力计算的算图（1）

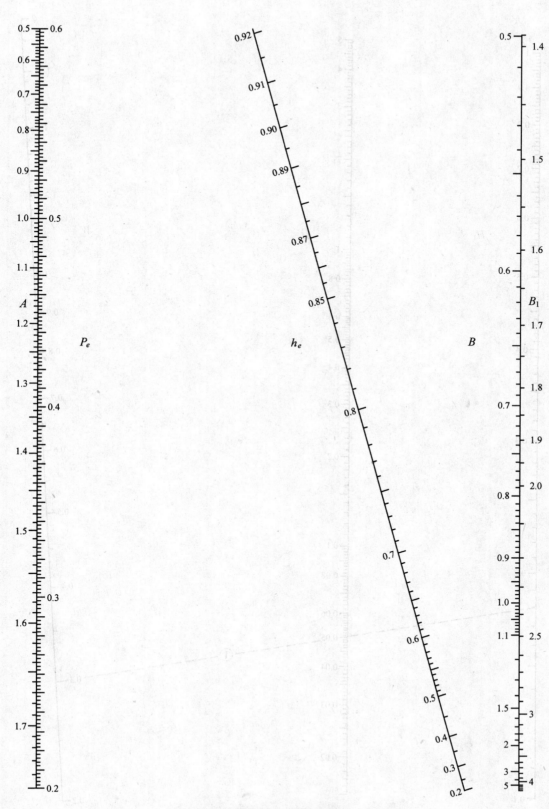

图 2.5.3-2 侧堰水力计算的算图（2）

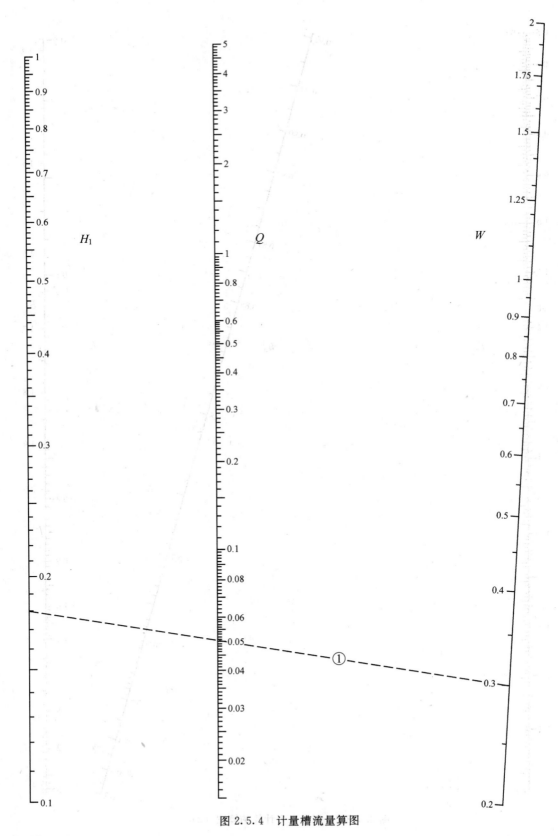

图 2.5.4 计量槽流量算图

【解】 (1) 由图 2.5.3，侧堰下游流量 $Q_2=Q_1-Q=25-12=13\text{m}^3/\text{s}$

(2) 堰顶水头 $H_2=h_2-P=1.6-0.9=0.7\text{m}$

(3) 侧堰下端流速 $v_2=Q_2/\omega_2=13/(10\times1.6)=0.815\text{m/s}$，$E_{S2}=h_2+v_2^2/2g=1.6+0.815^2/19.6=1.634\text{m}$，由 $E_{S1}=E_{S2}$ 的条件有：$h_1+v_1^2/2g=1.634$，即 $h_1+\left(\dfrac{25}{10h_1}\right)^2/2g=1.634$，$h_1+0.319/h_1^2-1.634=0$。

用算图解三次方程：$h_1^3-1.634h_1^2+0.319=0$，与 $x^3+ax^2+bx+c=0$ 对照，以 $b=0$，$c=0.319$ 在图 4.1 画直线③，交曲线 $a=-1.634$，得 $x=1.5\text{m}=h_1$。

(4) $h_{e_1}=h_1/E_{S1}=1.5/1.634=0.917$，$h_{e_2}=h_2/E_{S2}=1.6/1.634=0.98$，$P_{e1}=P/E_{S1}=P_{e2}=0.9/1.634=0.55$。

用 h_{e_1} 及 P_{e_1} 值在图 2.5.3-1 画直线①，得 $A=0.78$，$B=0.473$，$B_1=1.33$，代入式 (2.5.3-5) 计算 $F=0.78\times0.473-1.33=-0.96$。

同样，用 h_{e_2} 及 P_{e_2} 值在图 2.5.3-1 画直线②，得 $A=0.78$，$B=0.216$，$B_1=0.637$，代入式 (2.5.3-5) 计算 $F=0.78\times0.216-0.637=-0.47$。

也可以用式 (2.5.3-2)～式 (2.5.3-5) 验算：

$$A=3-\frac{1}{1-0.55}=0.7778, \quad B=\sqrt{\frac{1-0.98}{0.98-0.55}}=0.2157$$

$$B_1=3\text{arctg}0.2157=3\times\frac{12.1722°\times3.1416}{180°}=0.6373$$

$\therefore$ $\quad F=0.7778\times0.2157-0.6373=-0.4695$

故侧堰宽 $\quad b=\dfrac{10}{0.415}[-0.47-(-0.96)]=12\text{m}$

2.5.4 计量槽流量图算法

文献 [5] 568 页介绍了计量槽在自由流条件下的流量计算公式

$$Q=0.372W(3.28H_1)^{1.569W^{0.026}} \quad (\text{m}^3/\text{s}) \tag{2.5.4}$$

并且列出了不同喉宽 W 的流量公式 14 个，以及表 10-4。图 2.5.4 系由式 (2.5.4) 所作成，包含上述 14 个公式和表 10-4。文献 [5] 式 (10-1) 应按式 (2.5.4) 更正。

【例 2.5.4】 已知计量槽的喉宽 $W=0.3\text{m}$，上游水深 $H_1=0.18\text{m}$，求流量 Q。

【解】 在图 2.5.4 画直线①，得 $Q=0.05\text{m}^3/\text{s}$。

2.6 工 业 排 水

2.6.1 尾矿压力输送水力计算的图算法

在尾矿压力输送的水力计算中，常用 B.C. 克诺罗兹方法，确定临界管径用文献 [6] 的式 (2-39) 和式 (2-40)，即克诺罗兹公式 (1) 和 (2)：

当 $d_p\leqslant0.07\text{mm}$ 时，

$$Q_k=0.157\beta D_L^2(1+3.43\sqrt[4]{C_dD_L^{0.75}}) \tag{2.6.1-1}$$

当 $0.07 < d_p \leqslant 0.15$ mm 时，

$$Q_k = 0.2\beta D_L^2(1 + 2.48\sqrt[3]{C_d}\sqrt[4]{D_L}) \qquad (2.6.1-2)$$

式中 d_p——尾矿加权平均粒径（mm）；

Q_k——矿浆流量（m³/s）；

D_L——临界管径（m）；

C_d——矿浆重量稠度的 100 倍，例如重量稠度为 25%，则 $C_d = 25$；

β——相对密度修正系数，按下式计算：

$$\beta = \frac{\rho_g - 1}{1.70}$$

ρ_g——尾矿相对密度。

由式（2.6.1-1）绘成图 2.6.1-1，由式（2.6.1-2）绘成图 2.6.1-2。分别代替文献 [6] 的图 2-8 及图 2-9，免去求解时试算 D_L。

图算依据 在式（2.6.1-1）中，

设 $$Q = \frac{Q_k}{\beta} = 0.157 D_L^2 + 0.5385 D_L^{2.1875} C_d^{0.25}$$

符合式（1.3）形式： $F(t) = F_2(u) + \overbrace{F_1(u) \cdot F(v)}$

所以式（2.6.1-1）可以绘成算图。

【例 2.6.1】 某选矿厂拟用钢管扬送尾矿，已知矿浆流量为 0.088m³/s，重量稠度为 25%，尾矿相对密度为 2.76，尾矿平均粒径为 0.066mm，试计算钢管内径。（文献 [6] 174 页）

【解】

求临界管径：考虑需一段泵扬送，泵水封水量为 0.00176m³/s，矿浆波动系数 K 取 1.1，则

$$Q_k = 1.1 \times 0.088 + 0.00176 = 0.0986 \text{m}^3/\text{s}$$

$$\beta = \frac{2.76 - 1}{1.7} = 1.035, \quad Q = \frac{Q_k}{\beta} = \frac{0.0986}{1.035} = 0.0952 \text{m}^3/\text{s}$$

用 Q 值及 $C_d = 25$ 在图 2.6.1-1 画直线①，交缓变曲线 D_L 得 0.29m，选用公称直径 300mm（壁厚 8mm，内径 309mm）的标准直缝电焊钢管。

2.6.2 尾矿自流输送水力计算的图算法

文献 [6] 178 页论述尾矿自流输送水力计算中，确定矩形自流槽临界水深 h_L 所用的计算图的精度较小。为作出改进，在此介绍图算法。

当加权平均粒径 $d_p \leqslant 0.07$ mm 时，应用 B.C. 克诺罗兹公式

$$Q_k = 0.2\beta A(1 + 3.43\sqrt[4]{C_d h_L^{0.75}})$$

式中 A 为过流断面面积，矩形 $A = m h_L^2$，m 为宽深比。比重修正系数 $\beta = (\rho_g - 1)/1.7$，其中 ρ_g 为尾矿相对密度。

设 $$Q_1 = \frac{Q_k}{m\beta} = 0.2 h_L^2 + 0.686 C_d^{0.25} h_L^{2.1875} \qquad (2.6.2-1)$$

由式（2.6.2-1）作成图 2.6.2。

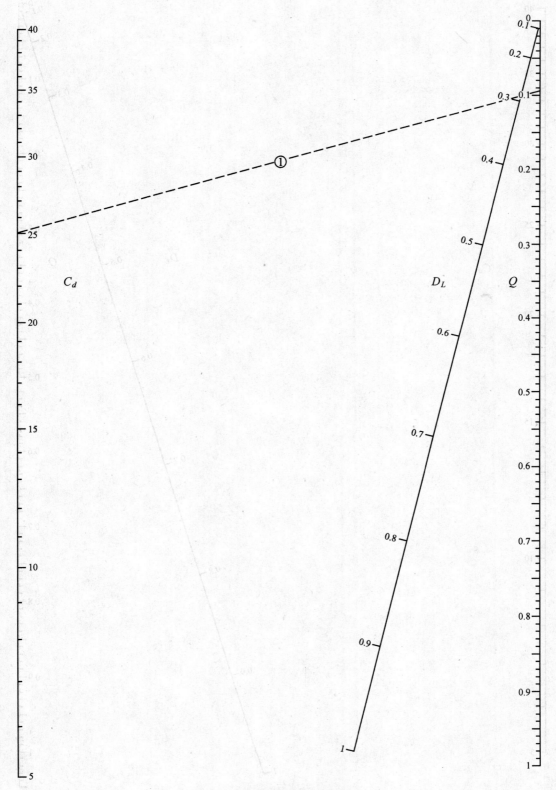

图 2.6.1-1 克诺罗兹公式算图（1）

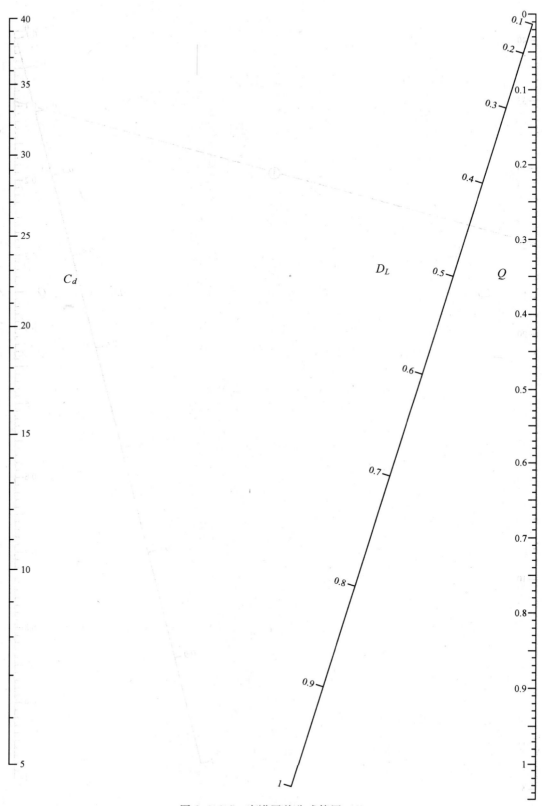

图 2.6.1-2 克诺罗兹公式算图 (2)

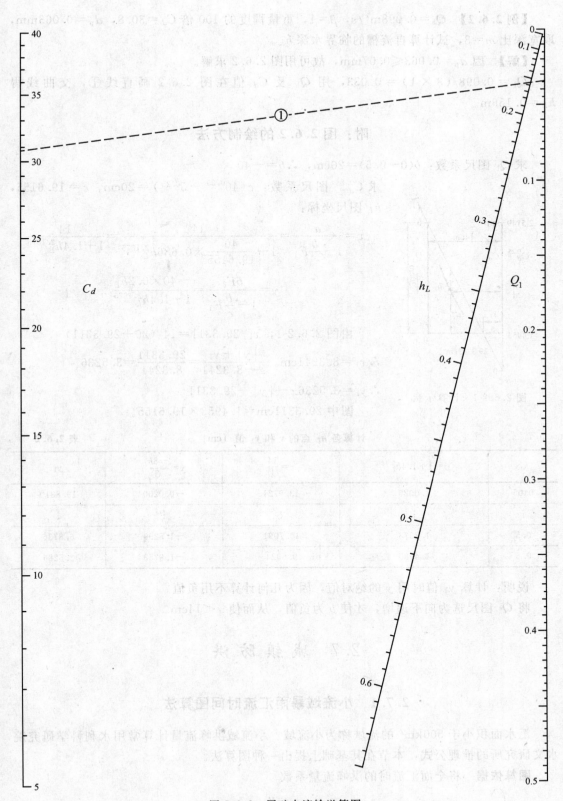

图 2.6.2 尾矿自流输送算图

【例 2.6.2】 $Q_k=0.098\text{m}^3/\text{s}$，$\beta=1$，重量稠度的 100 倍 $C_d=30.8$，$d_p=0.063\text{mm}$，取宽深比 $m=3$，试计算自流槽的临界水深 h_L。

【解】 因 $d_p=0.063\leqslant 0.07\text{mm}$，故可用图 2.6.2 求解。

$Q_1=0.098/(3\times 1)=0.033$，用 Q_1 及 C_d 值在图 2.6.2 画直线①，交曲线得 $h_L=0.156\text{m}$。

附：图 2.6.2 的绘制方法

求 Q_1 图尺系数：$b(0-0.5)=20\text{cm}$，$\therefore b=-40$

求 $C_d^{0.25}$ 图尺系数：$c(40^{0.25}-5^{0.25})=20\text{cm}$，$c=19.6155$，

h_L 图尺坐标：

$$x=\frac{a}{1-\frac{b}{c}F_1}=\frac{14}{1+\frac{40}{19.6155}\times 0.686h_L^{2.1875}}=\frac{14}{1+1.4h_L^{2.1875}}$$

$$y=\frac{bF_2}{1-\frac{b}{c}F_1}=\frac{-40\times 0.2h_L^2}{1+1.4h_L^{2.1875}}$$

由图 2.6.2-1，$x_1/29.3311=14/(20+29.3311)$

$\therefore x_1=8.3241\text{cm}$。 $\dfrac{|y|+y_1}{x-8.3241}=\dfrac{29.3311}{8.3241}=3.5236$

$\therefore y_1=3.5236x-|y|-29.3311$

图中 $29.3311\text{cm}=1.4953\times 19.6155$。

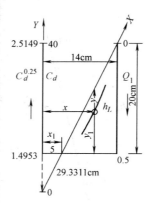

图 2.6.2-1 计算示意

计算各 h_L 点的 x 和 y_1 值 （cm）　　　　表 2.6.2

h_L	① $=1+1.4h_L^{2.1875}$	$x=\dfrac{14}{①}$	$y=\dfrac{-8h_L^2}{①}$	y_1
0.05	1.0020	13.9721	−0.0200	19.8810
⋮	⋮	⋮	⋮	⋮
0.5	1.3073	10.7091	−1.5299	6.8736
0.6	1.4580	9.6024	−1.9753	2.5286

说明：计算 y_1 值时用 y 的绝对值，因为几何计算不用负值。

将 Q_1 图尺选为向下递增，才使 b 为负值，从而使 $x<14\text{cm}$。

2.7 城镇防洪

2.7.1 小流域暴雨汇流时间图算法

汇水面积小于 500km² 的流域称为小流域。小流域洪峰流量计算常用水利科学研究院水文研究所的推理公式，本节在其基础上提出一种图算法。

图算依据 将全面汇流时的洪峰流量系数

$$\psi=1-\frac{\mu}{S_P}\tau^n$$

代入设计洪峰流量计算式

$$Q=0.278\psi\frac{S_P}{\tau^n}F$$

得到水利科学研究院水文研究所简化公式

$$Q=0.278\left(\frac{S_P}{\tau^n}-\mu\right)F \tag{2.7.1-1}$$

再将汇流参数公式

$$m=0.278\frac{L}{\tau J^{1/3}Q^{1/4}}$$

与式（2.7.1-1）联立消去 Q

$$\left(0.278\frac{L}{\tau m J^{1/3}}\right)^4=0.278F\left(\frac{S_P}{\tau^n}-\mu\right)$$

即

$$\frac{0.278^3\left(\frac{L}{mJ^{1/3}}\right)^4}{FS_P\tau^4}=\frac{1}{\tau^n}-\frac{\mu}{S_P}$$

设

$$B=\frac{0.278^3\left(\frac{L}{mJ^{1/3}}\right)^4}{FS_P} \tag{2.7.1-2}$$

代入上式得

$$\frac{\mu}{S_P}=\frac{1}{\tau^n}-\frac{B}{\tau^4} \tag{2.7.1-3}$$

上式乘以 S_P/μ，得

$$\frac{S_P}{\mu\tau^n}-\frac{S_P B}{\mu\tau^4}-1=0 \tag{2.7.1-4}$$

设

$$Z=\frac{S_P B}{\mu\tau^4} \tag{2.7.1-5}$$

则

$$\tau=\left(\frac{BS_P}{Z\mu}\right)^{1/4} \tag{2.7.1-6}$$

代入式（2.7.1-4）第1项

$$\frac{S_P}{\mu\tau^n}=\frac{S_P}{\mu}\frac{1}{\left(\frac{BS_P}{Z\mu}\right)^{n/4}}=Z^{n/4}\left(\frac{S_P}{\mu}\right)^{1-\frac{n}{4}}B^{-\frac{n}{4}} \tag{2.7.1-7}$$

设

$$A_1=\left(\frac{S_P}{\mu}\right)^{1-\frac{n}{4}}B^{-\frac{n}{4}} \tag{2.7.1-8}$$

将式（2.7.1-8）代入（2.7.1-7）后，再和式（2.7.1-5）代入（2.7.1-4），
得

$$A_1 Z^{n/4}=Z+1$$

取对数得

$$\lg A_1=-\frac{n}{4}\lg Z+\lg(Z+1)$$

符合式（附1-3）的形式：

$$F(t)=F(v)\underbrace{F_1(u)}+\underbrace{F_2(u)} \tag{2.7.1-9}$$

所以可作图，绘成图 2.7.1。

【例 2.7.1】 某山洪沟出口流量，设计标准为百年一遇洪水，山洪沟以上流域面积 $F=194\text{km}^2$，沟长 $L=32.1\text{km}$，平均坡降 $J=9.32‰$，百年一遇最大 24h 设计雨量 $H_{24P}=214.0\text{mm}$，暴雨递减指数 $n=0.75$，汇流参数 $m=0.96$，流域平均损失率 $\mu=3.0\text{mm/h}$，求百年一遇设计洪峰流量。（文献［7］130页）

【解】 雨力 $S_P=H_{24P}(24)^{n-1}=214\times24^{0.75-1}=96.685\text{mm/h}$

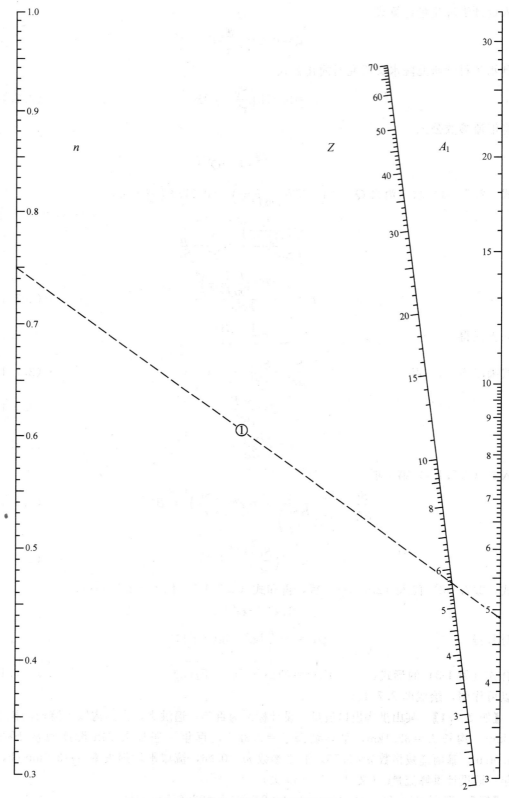

图 2.7.1 暴雨汇流时间算图

将已知数代入式（2.7.1-2）和（2.7.1-8）计算：

$$B=\frac{0.278^3\left(\frac{32.1}{0.96\times 0.00932^{1/3}}\right)^4}{96.685\times 194}=730.0$$

$$A_1=\left(\frac{96.685}{3}\right)^{1-0.75/4}\times 730^{-0.75/4}=4.88$$

用 A_1 和 n 值在图 2.7.1 画直线①，交 Z 曲线得 5.75，代入式（2.7.1-6）计算：

$$\tau=\left(\frac{BS_P}{Z\mu}\right)^{1/4}=\left(\frac{730\times 96.685}{5.75\times 3}\right)^{1/4}=7.9978\approx 8.0\text{h}$$

代入式（2.7.1-1）计算出洪峰流量：

$$Q_P=0.278\times 194\left(\frac{96.685}{8^{0.75}}-3\right)=934.4\text{m}^3/\text{s}$$

2.7.2 最大壅水高度图算法

在文献[7]342页，计算桥墩对水流影响所产生的最大壅水高度 Δh_3（图 2.7.2-1），方法二是求解方程（2.7.2-1）。本图算法免去求解时的迭代计算。

由文献[7]式（7-40）

$$\Delta h_3=\frac{\alpha v_3^2}{2g}\left[\left(\frac{B}{\varepsilon\Sigma b}\right)^2-\left(\frac{h_3}{h_3+\Delta h_3}\right)^2\right] \quad (2.7.2\text{-}1)$$

设

$$e=\frac{\alpha v_3^2}{2g} \quad (2.7.2\text{-}2)$$

$$d=\left(\frac{B}{\varepsilon\Sigma b}\right)^2 \quad (2.7.2\text{-}3)$$

$$Z=\left(\frac{h_3}{h_3+\Delta h_3}\right)^2 \quad (2.7.2\text{-}4)$$

由式（2.7.2-4）得

$$\Delta h_3=h_3\left(\frac{1}{\sqrt{Z}}-1\right)=h_3 Z_1 \quad (2.7.2\text{-}5)$$

式中 $Z_1=1/\sqrt{Z}-1$

将式（2.7.2-2）~式（2.7.2-5）代入式（2.7.2-1）

得

$$h_3\left(\frac{1}{\sqrt{Z}}-1\right)=e(d-Z) \quad (2.7.2\text{-}6)$$

由式（2.7.2-6）绘成图 2.7.2。图中将 Z 曲尺改注成相应的 Z_1 分度，以便例题应用。

【例 2.7.2】 如图 2.7.2-2 所示，已知矩形沟渠宽 60m，有两个 3m 宽的圆头桥墩，流量 1100m³/s，无桥墩时的水深 h_3 为 4.4m，求建墩后对上游的壅水高度 Δh_3。（文献[7] 345 页）

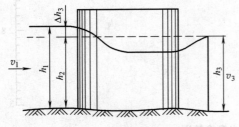

图 2.7.2-1 桥墩壅水示意

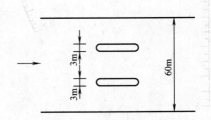

图 2.7.2-2 河渠墩座示意

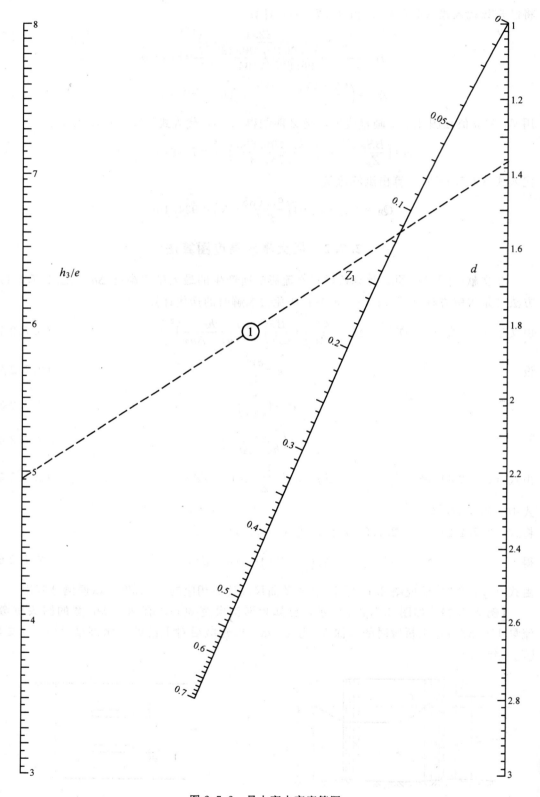

图 2.7.2 最大壅水高度算图

【解】 先算出桥墩下游为正常水深的断面平均流速 v_3

$$v_3 = \frac{Q}{Bh_3} = \frac{1100}{60 \times 4.4} = 4.17 \text{m/s}$$

将已知值代入式（2.7.2-2）和（2.7.2-3）计算：

$$\frac{h_3}{e} = \frac{h_3 \cdot 2g}{\alpha v_3^2} = \frac{4.4 \times 19.6}{1 \times 4.17^2} = 4.96, \quad d = \left(\frac{B}{\varepsilon \Sigma b}\right)^2 = \left(\frac{60}{0.95 \times 54}\right)^2 = 1.37$$

用 d 和 h_3/e 值在图 2.7.2 画直线①，交曲线得 $Z_1 = 0.114$，代入式（2.7.2-5）计算：

$$\Delta h_3 = h_3 Z_1 = 4.4 \times 0.114 = 0.50 \text{m}$$

2.8　对《城市供水行业 2000 年技术进步发展规划》的一点改进❶

文献[8]是我国供水行业技术进步的导向性专著，本节图算法改进了该书第 433 页关于测定管道粗糙系数 n 的计算方法，适用于多种管径，免得计算者绘制 C-n 曲线。

图算依据　仍用巴甫洛夫斯基公式

$$C = R^y/n \tag{2.8-1}$$

式中

$$y = 2.5\sqrt{n} - 0.13 - 0.75(\sqrt{n} - 0.10)\sqrt{R} \text{❷} \tag{2.8-2}$$

将式（2.8-2）代入式（2.8-1），取对数得

$$\lg C + \lg n = [2.5\sqrt{n} - 0.13 - 0.75(\sqrt{n} - 0.10)\sqrt{R}]\lg R$$

$$\lg C + (0.13 - 0.075\sqrt{R})\lg R = \sqrt{n}(2.5 - 0.75\sqrt{R})\lg R - \lg n \tag{2.8-3}$$

设已知值

$$A = \lg C + (0.13 - 0.075\sqrt{R})\lg R \tag{2.8-4}$$

式中

$$R = D/4 \tag{2.8-5}$$

将式（2.8-4）（2.8-5）代入（2.8-3），

得

$$A = \sqrt{n} \quad (2.5 - 0.75\sqrt{D/4})\lg(D/4) - \lg n \tag{2.8-6}$$

符合式（附 1-3）形式：$F(t) = F_1(n) \quad\quad F(D) \quad\quad + F_2(n)$

所以式（2.8-6）可图，绘成图 2.8。

【例 2.8】　仍用文献[8]第 433 页例题数据，已知 $C = 71.26$，$D = 1$m，代入式（2.8-4）计算：

$$A = \lg 71.26 + (0.13 - 0.075\sqrt{0.25})\lg 0.25 = 1.797$$

用 A 和 D 值在图 2.8 画直线①，交曲线得 $n = 0.0116$。

附：图 2.8 的绘制方法

绘 D 图尺：给水干管内径 D 常在 0.3~2m，由式（2.8-6），

$$F(D)_{\min} = (2.5 - 0.75\sqrt{0.3/4})\lg(0.3/4) = -2.5812 \approx -2.6$$

---

❶ 本文发表在《华东给水排水》2001 年第 3 期
❷ 文献[8]将 $\sqrt{R}$ 错印成 $\sqrt{n}$

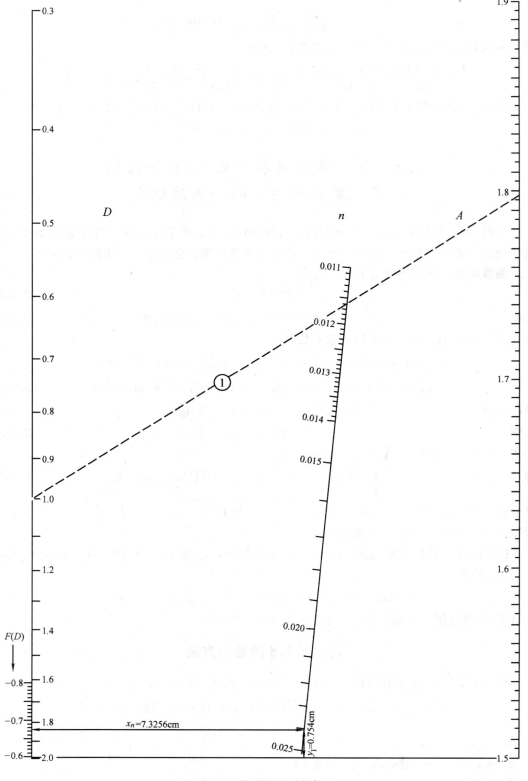

图 2.8 管道粗糙系数算图

$$F(D)_{\max}=(2.5-0.75\sqrt{2/4})\lg(2/4)=-0.5929\approx-0.6$$

在图 2.8 中，$F(D)$ 图尺长 20cm，由式（附 1-4）得

$$20=c \cdot F(D)=c[-2.6-(-0.6)]，得 c=-10$$

系数 c 为负号，表示 $F(D)$ 图尺方向与 Y 轴相反，见图 2.8 左下角。

$F(D)$ 图尺是均匀分度。按式 $F(D)=(2.5-0.75\sqrt{D/4})\lg(D/4)$ 列出表 2.8-1：

$F(D)$ 与 D 值关系计算表　　　　　　　　　　　　　　　　　　　表 2.8-1

D	$D/4$	①=$\lg(D/4)$	②=$\sqrt{D/4}$	$F(D)$=①(2.5-0.75②)
0.3	0.075	-1.1249	0.2739	-2.5812
⋮	⋮	⋮	⋮	⋮
2	0.5	-0.3010	0.7071	-0.5920

用表中的 $F(D)$ 值点出相应的 D 刻度，就成 D 图尺。

绘 A 图尺：给水管的粗糙系数 n 常为 0.011～0.014，用式（2.8-6）计算上下限：

$$A_{\max}=\sqrt{0.011}(-0.6)-\lg 0.011=1.8957$$

$$A_{\min}=\sqrt{0.014}(-2.6)\lg 0.014=1.5463$$

取 $A=1.5\sim1.9$。在图 2.8 中，A 图尺长 20cm，由式（附 1-4）得

$$20=bF(A)=b(1.9-1.5)，\therefore b=50$$

A 图尺起点坐标值为 $50(1.5-1.5)=0$，终点坐标值为 $50(1.9-1.5)=20$cm。A 图尺是均匀分度。

绘 n 曲线图尺：取平行图尺 A 和 D 的间距 $a=13$cm。代已知值入式（附 1-4）：

$$x_n=\frac{ac}{c-bF_1(n)}=\frac{13\times(-10)}{-10-50\sqrt{n}}=\frac{13}{1+5\sqrt{n}}$$

$$y_n=\frac{bcF_2(n)}{c-bF_1(n)}=\frac{-10\times50(-\lg n)}{-10-50\sqrt{n}}=\frac{-50\lg n}{1+5\sqrt{n}}$$

由图 2.8-1 所知，$F(D)$ 图尺下部端值为 -0.6，距 X 轴为 $-0.6c=6$cm。A 图尺下部端值为 1.5，距 X 轴为 $1.5b=75$cm。

$$(y_n-y_1-6)/x_n=(75-6)/13=5.308$$

$$\therefore\quad y_1=y_n-6-5.308x_n$$

列出表 2.8-2，用 x_n 和 y_1 值作出 n 图尺的点，然后将透明纸上的 n 曲线放在附图 1 绘出细分点。

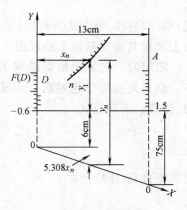

图 2.8-1　计算示意

x_n 和 y_1 值计算表　　　　　　　　　　　　　　　　　　　表 2.8-2

n	①=$1+5\sqrt{n}$	x_n=13/①	②=$5.308x_n$	$y_n=-50\lg n/$①	$y_1=y_n-6-$②
0.011	1.5244	8.5280	45.2666	64.2419	12.9753
⋮	⋮	⋮	⋮	⋮	⋮
0.024	1.7746	7.3256	38.8843	45.6381	0.7538
0.025	1.7906	7.2603	38.5377	44.7353	0.1976

3 水力学图算法

3.1 管 流

3.1.1 简单管路流量图算法

简单管路沿程没有支管，直径不变，计算中不计局部水头损失。本节介绍已知 $h_沿$，l，D，运动黏度 ν 和绝对粗糙度 K，求 Q 时不用试算的方法。

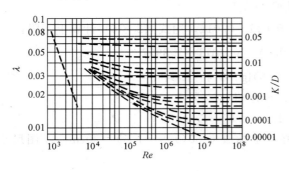

图 3.1.1-1 莫迪图示意

图算依据 将常用的莫迪（Moody）图表示为

隐函数式 $\lambda = F(Re, K/D)$ (3.1.1-1)

雷诺数 $Re = \dfrac{DV}{\nu} = \dfrac{D}{\nu}\sqrt{\dfrac{2gh_沿 D}{\lambda l}}$

设已知值 $K_1 = \dfrac{D}{\nu}\sqrt{\dfrac{2gh_沿 D}{l}}$ (3.1.1-2)

则沿程阻力系数 $\lambda = \left(\dfrac{K_1}{Re}\right)^2$ (3.1.1-3)

式 (3.1.1-1) 等于式 (3.1.1-3)，得 $K_1 = Re\sqrt{F(Re, K/D)}$
由上式在莫迪图基础上绘成图 3.1.1。

求解时，先算出相对糙率 K/D，再由式 (3.1.1-2) 算出 K_1，在图 3.1.1 中画出一点。如果此点位于粗糙区，用式 (3.1.1-4) 计算；如果此点位于过渡区，用式 (3.1.1-5) 计算。卡门公式

$$\dfrac{1}{\sqrt{\lambda}} = -2\lg\dfrac{K}{3.7D}$$ (3.1.1-4)

柯莱布鲁克-怀特公式

$$\dfrac{1}{\sqrt{\lambda}} = -2\lg\left(\dfrac{K}{3.7D} + \dfrac{2.51}{K_1}\right)$$ (3.1.1-5)

算出 $1/\sqrt{\lambda}$ 值后，用下式计算

$$Q = \dfrac{\pi}{4}D^2 V = \dfrac{\pi D^2}{4} \cdot \dfrac{Re\nu}{D} = \dfrac{\pi D\nu}{4} \cdot \dfrac{K_1}{\sqrt{\lambda}} = 0.7854\dfrac{K_1 D\nu}{\sqrt{\lambda}}$$ (3.1.1-6)

【例 3.1.1-1】 温度为 20℃ 的水在 $D=0.5\text{m}$ 的焊接钢管中流动。已知水力坡度 $i=0.006$，$K/D=0.046/500=0.00009$，求管中流量。（文献 [14] 189 页）

【解】 将已知值代入式 (3.1.1-2) 计算

$$K_1 = \frac{0.5}{1 \times 10^{-6}} \sqrt{\frac{2g \times 0.006 \times 0.5}{1}} = 1.212 \times 10^5$$

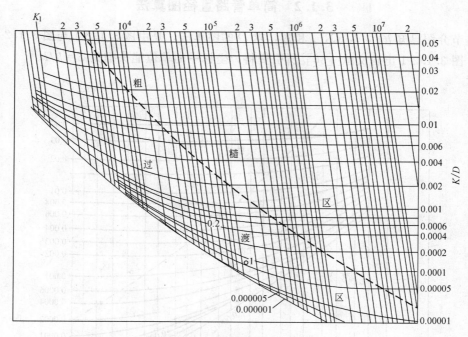

图 3.1.1 简单管路流量算图

在图 3.1.1 画斜线 $K_1 = 1.212 \times 10^5$ 与曲线 $K/D = 0.00009$ 的交点 1，位于过渡区，用式（3.1.1-5）计算

$$\frac{1}{\sqrt{\lambda}} = -2\lg\left(\frac{0.00009}{3.7} + \frac{2.51}{1.212 \times 10^5}\right) = 8.69$$

代入式（3.1.1-6）计算

$$Q = 0.7854 \times 1.212 \times 10^5 \times 0.5 \times 10^{-6} \times 8.69 = 0.41 \text{m}^3/\text{s}$$

【例 3.1.1-2】 一条新的钢管输水管道，管径 $D = 0.15$m，管长 $l = 1200$m，测得沿程水头损失 $h_f = 37$m，水温为 20℃，试求管中流量 Q。（文献［16］120 页）

【解】 取新钢管的 $K = 0.0001$m。由水温为 20℃ 查文献［16］附表 1-2，得 $\nu = 1.003 \times 10^{-6}$ m²/s。相对糙率为 $K/D = 0.0001/0.15 = 0.00067$。
用式（3.1.1-2）计算

$$K_1 = \frac{0.15}{1.003 \times 10^{-6}} \sqrt{\frac{2g \times 37 \times 0.15}{1200}} = 4.5 \times 10^4$$

在图 3.1.1 画斜直线 $K_1 = 4.5 \times 10^4$ 与曲线 $K/D = 0.00067$ 的交点 2，位于过渡区，用式（3.1.1-5）计算

$$\frac{1}{\sqrt{\lambda}} = -2\lg\left(\frac{0.00067}{3.7} + \frac{2.51}{4.5 \times 10^4}\right) = 7.25$$

代入式（3.1.1-6）计算

$$Q = 0.7854 \times 4.5 \times 10^4 \times 0.15 \times 1.003 \times 10^{-6} \times 7.25 = 0.0386 \text{m}^3/\text{s}$$

3.1.2 简单管路直径图算法

本节介绍已知 $h_沿$，l，Q，ν 和 K，求 D 的图算法，是由图 3.1.2-1 与图 3.1.2-2 配合使用。图 3.1.2-1 出自文献 [36] 所引资料，坐标中的单位能头损失 $S=h/l$。

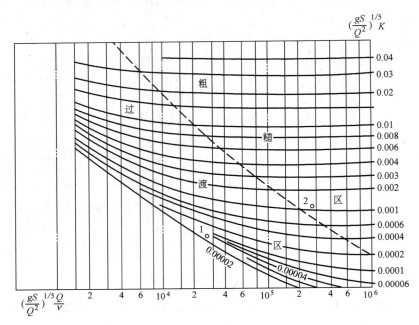

图 3.1.2-1 简单管路直径算图

图算依据 已知 $$h_沿 = \frac{\lambda l v^2}{2gD}, \quad 即 \quad v^2 = \frac{2gDh_沿}{\lambda l} \tag{3.1.2-1}$$

又 $$Q^2 = \left(\frac{\pi}{4}D^2 v\right)^2, \quad 即 \quad D^4 = \frac{Q^2}{(\pi/4)^2 v^2} \tag{3.1.2-2}$$

将式 (3.1.2-1) 代入式 (3.1.2-2) 得 $$D^5 = \frac{\lambda Q^2 l}{12.1 h} \tag{3.1.2-3}$$

设已知值 $$K_2 = \frac{Q^2 l}{12.1 h} \tag{3.1.2-4}$$

则 $$D = K_2^{1/5} \lambda^{1/5} \tag{3.1.2-5}$$

由式 (3.1.1-5) 及 (3.1.1-3) 得 $$10^{\frac{-1}{2\sqrt{\lambda}}} = \frac{K}{3.7D} + \frac{2.51}{Re\sqrt{\lambda}} \tag{3.1.2-6}$$

由式 (3.1.1-6) 得雷诺数 $$Re = \frac{4Q}{\pi D \nu} \tag{3.1.2-7}$$

将式 (3.1.2-5) 及式 (3.1.2-7) 代入式 (3.1.2-6)：

$$10^{\frac{-1}{2\sqrt{\lambda}}} = \frac{K}{3.7 K_2^{1/5} \lambda^{1/5}} + \frac{2.51 K_2^{1/5} \lambda^{1/5}}{\frac{4Q}{\pi \nu} \lambda^{1/2}}$$

则 $$\lambda^{1/5} 10^{\frac{-1}{2\sqrt{\lambda}}} = \frac{K}{3.7 K_2^{1/5}} + \frac{2.51 K_2^{1/5} \pi \nu \lambda^{-\frac{1}{10}}}{4Q} \tag{3.1.2-8}$$

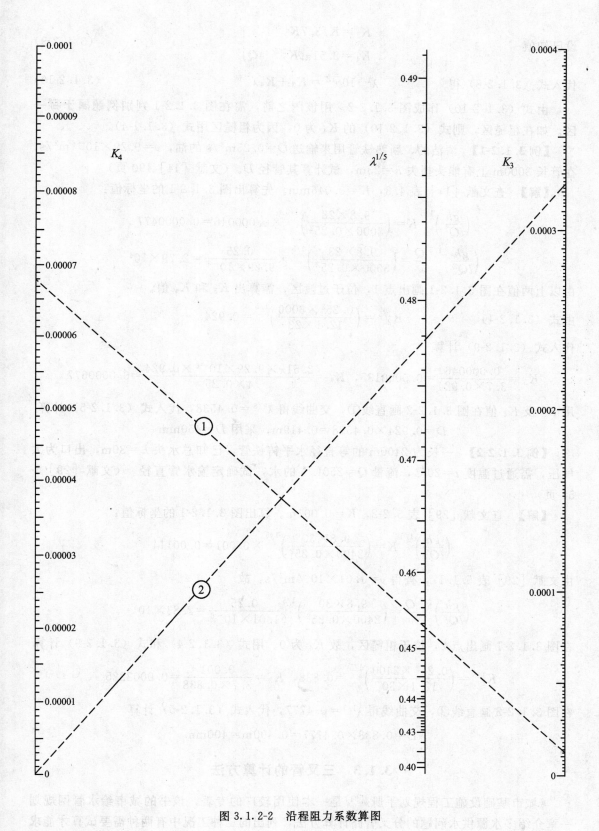

图 3.1.2-2 沿程阻力系数算图

设已知值
$$\left.\begin{array}{l}K_3=K/3.7K_2^{1/5}\\K_4=2.51\pi\nu K_2^{1/5}/4Q\end{array}\right\} \quad (3.1.2\text{-}9)$$

代入式（3.1.2-8）得
$$\lambda^{1/5}10^{\frac{-1}{2\lambda^{1/2}}}=K_3+K_4\lambda^{-\frac{1}{10}} \quad (3.1.2\text{-}10)$$

由式（3.1.2-10）作成图 3.1.2-2。用该图之前，需在图 3.1.2-1 判别例题属于哪一区。如在粗糙区，则式（3.1.2-10）的 K_4 为 0，因为粗糙区用式（3.1.1-4）。

【例 3.1.2-1】 清洁的、新熟铁管用来输送 $Q=0.25\text{m}^3/\text{s}$ 的油，$\nu=9.29\times10^{-6}\text{m}^2/\text{s}$，在管长 3000m 上有能头损失 $h=23\text{m}$，试计算其管径 D。（文献 [14] 190 页）

【解】 查文献 [14] 表 4.3，$K=0.046\text{mm}$。先算出图 3.1.2-1 的坐标值：

$$\left(\frac{gh}{lQ^2}\right)^{1/5}K=\left(\frac{9.8\times23}{3000\times0.25^2}\right)^{1/5}\times0.000046=0.0000477$$

$$\left(\frac{gh}{lQ^2}\right)^{1/5}\frac{Q}{\nu}=\left(\frac{9.8\times23}{3000\times0.25^2}\right)^{1/5}\times\frac{0.25}{9.29\times10^{-6}}=2.79\times10^4$$

由以上两值在图 3.1.2-1 画出点 1，位于过渡区，需算出 K_3 和 K_4 值。

由式（3.1.2-4）
$$K_2^{1/5}=\left(\frac{0.25^2\times3000}{12.1\times23}\right)^{1/5}=0.924$$

代入式（3.1.2-9）计算

$$K_3=\frac{0.000046}{3.7\times0.924}=0.0000135,\quad K_4=\frac{2.51\pi\times9.29\times10^{-6}\times0.924}{4\times0.25}=0.0000677$$

用 K_3 及 K_4 值在图 3.1.2-2 画直线①，交曲线得 $\lambda^{1/5}=0.4538$，代入式（3.1.2-5）计算
$$D=0.924\times0.4538=0.419\text{m}，采用 D=450\text{mm}$$

【例 3.1.2-2】 一长为 2400m 的等直径水平铸铁管，已知总水头 $h=30\text{m}$，出口为大气压，需通过温度 $t=20℃$，流量 $Q=250\text{L/s}$ 的水，试确定输水管直径。（文献 [29] 5-54 页）

【解】 查文献 [29] 表 5.2-2，$K=0.001\text{m}$。算出图 3.1.2-1 的坐标值：

$$\left(\frac{gh}{lQ^2}\right)^{1/5}K=\left(\frac{9.8\times30}{2400\times0.25^2}\right)^{1/5}\times0.001=0.00114$$

由文献 [29] 表 5.1.17，查得 $\nu=1.01\times10^{-6}\text{m}^2/\text{s}$，故

$$\left(\frac{gh}{lQ^2}\right)^{1/5}\frac{Q}{\nu}=\left(\frac{9.8\times30}{2400\times0.25^2}\right)^{1/5}\frac{0.25}{1.01\times10^{-6}}=2.83\times10^5$$

在图 3.1.2-1 画出点 2，位于粗糙区，故 K_4 为 0。用式（3.1.2-4）和式（3.1.2-9）计算

$$K_2^{1/5}=\left(\frac{0.25^2\times2400}{12.1\times30}\right)^{1/5}=0.838,\quad K_3=\frac{0.001}{3.7\times0.838}=0.0003225$$

在图 3.1.2-2 画直线②，交曲线得 $\lambda^{1/5}=0.4777$，代入式（3.1.2-5）计算
$$D=0.838\times0.4777=0.400\text{m}=400\text{mm}$$

3.1.3 三叉管的计算方法

《城市基础设施工程规划手册》[34] 是一本使用较广的专著，该书的城市给水管网规划一章介绍多水源供水问题的分叉管路计算方法，列出的三种工况中有两种需要试算才能求

解。其他水力学书籍中也有此类试算。其实，这种试算可以免去，具体方法介绍如下。

工况一：已知各输水管比阻 A_i、管长 l_i 及三个水库水面标高 Z_A、Z_B、Z_C，求各管中的流量 Q_1、Q_2、Q_3。这是个典型的三水库问题，见图 3.1.3。

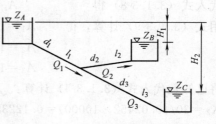

图 3.1.3 三叉管示意

解法：

$$Q_1 = Q_2 + Q_3 \quad (3.1.3\text{-}1)$$

$$H_1 = Z_A - Z_B = A_1 l_1 Q_1^2 + A_2 l_2 Q_2^2 \quad (3.1.3\text{-}2)$$

$$H_2 = Z_A - Z_C = A_1 l_1 Q_1^2 + A_3 l_3 Q_3^2 \quad (3.1.3\text{-}3)$$

将式（3.1.3-2）的 Q_2 及式（3.1.3-3）的 Q_3 代入式（3.1.3-1）：

$$Q_1 = \sqrt{\frac{H_1 - A_1 l_1 Q_1^2}{A_2 l_2}} + \sqrt{\frac{H_2 - A_1 l_1 Q_1^2}{A_3 l_3}} = \sqrt{K_3 - K_4 Q_1^2} + \sqrt{K_5 - K_6 Q_1^2} \quad (3.1.3\text{-}4)$$

式中设已知值

$$\left.\begin{array}{l} K_3 = H_1/A_2 l_2 \\ K_4 = A_1 l_1/A_2 l_2 \\ K_5 = H_2/A_3 l_3 \\ K_6 = A_1 l_1/A_3 l_3 \end{array}\right\} \quad (3.1.3\text{-}5)$$

将式（3.1.3-4）平方得

$$Q_1^2 + (K_3 - K_4 Q_1^2) - 2Q_1\sqrt{K_3 - K_4 Q_1^2} = K_5 - K_6 Q_1^2$$

$$Q_1^2 (1 - K_4 + K_6) + (K_3 - K_5) = 2Q_1 \sqrt{K_3 - K_4 Q_1^2}$$

再将上式平方得

$$Q_1^4 [(1 - K_4 + K_6)^2 + 4K_4] + 2Q_1^2[(1-K_4+K_6)(K_3-K_5)-2K_3] + (K_3-K_5)^2 = 0 \quad (3.1.3\text{-}6)$$

用简式概括为

$$AQ_1^4 + BQ_1^2 + C = 0$$

式中

$$\left.\begin{array}{l} A = (1 - K_4 + K_6)^2 + 4K_4 \\ B = 2[(1 - K_4 + K_6)(K_3 - K_5) - 2K_3] \\ C = (K_3 - K_5)^2 \end{array}\right\} \quad (3.1.3\text{-}7)$$

已知 $K_3 \sim K_6$ 时，算出 A、B、C 值，解二次方程可得 Q_1。

【例 3.1.3-1】 A 水库向 B、C 水库供水，已知 $d_1 = 0.8\text{m}$，$l_1 = 5\text{km}$；$d_2 = 0.6\text{m}$，$l_2 = 10\text{km}$；$d_3 = 0.5\text{m}$，$l_3 = 15\text{km}$。管壁粗糙系数 $n = 0.0125$，高差 $H_1 = Z_A - Z_B = 30\text{m}$，$H_2 = Z_A - Z_C = 40\text{m}$。试求三管道的流量 Q_1、Q_2 及 Q_3。（文献 [16] 157 页）

【解】 管道沿程水头损失 $h_f = \dfrac{\lambda l}{2gd}\left(\dfrac{4Q}{\pi d^2}\right)^2 = A_i l Q^2$

式中

$$A_i = \frac{1}{2g\left(\dfrac{\pi}{4}\right)^2} \frac{\lambda}{d^5} \quad (3.1.3\text{-}8)$$

由文献 [14] 197 页知，$\lambda = 8g/C^2$ 及满宁公式的 $C = \dfrac{1}{n} R^{1/6}$，满流 $R = d/4$，

代入式（3.1.3-8）得 $$A_i = 10.2935 n^2 / d^{5.3333} \tag{3.1.3-9}$$
用式（3.1.3-9）计算，得
$$A_1 = 10.2935 \times 0.0125^2 / 0.8^{5.3333} = 0.00529$$
$$A_2 = 10.2935 \times 0.0125^2 / 0.6^{5.3333} = 0.02452$$
$$A_3 = 10.2935 \times 0.0125^2 / 0.5^{5.3333} = 0.06484$$

将已知数代入式（3.1.3-5）计算：
$K_3 = 30/(0.02452 \times 10000) = 0.12235$，$K_4 = 0.00529 \times 5000/(0.02452 \times 10000) = 0.10787$
$K_5 = 40/(0.06484 \times 15000) = 0.04113$，$K_6 = 0.00529 \times 5000/(0.06484 \times 15000) = 0.02720$

代入式（3.1.3-7）计算： $A = (1 - 0.10787 + 0.0272)^2 + 4 \times 0.10787 = 1.27665$
$$B = 2[(1 - 0.10787 + 0.0272)(0.12235 - 0.04113) - 2 \times 0.12235] = -0.34006$$
$$C = (0.12235 - 0.04113)^2 = 0.00660$$

故得方程 $1.27665 Q_1^4 - 0.34006 Q_1^2 + 0.00660 = 0$，解得 $Q_1^2 = 0.2453$，$Q_1 = 0.4953 \text{m}^3/\text{s}$

由式（3.1.3-4） $Q_2 = \sqrt{K_3 - K_4 Q_1^2} = 0.3097 \text{m}^3/\text{s}$，$Q_3 = \sqrt{K_5 - K_6 Q_1^2} = 0.1856 \text{m}^3/\text{s}$

工况二：已知各输水管比阻 A_i，管长 l_i，水库 A、B 的水位标高 Z_A、Z_B，流量 Q_3，求水库 C 的水面标高 Z_C、流量 Q_1 与 Q_2。

解法：将式（3.1.3-1）代入（3.1.3-2）（3.1.3-3）得
$$H_1 = A_1 l_1 (Q_2 + Q_3)^2 + A_2 l_2 Q_2^2 \tag{3.1.3-10}$$
$$H_2 = A_1 l_1 (Q_2 + Q_3)^2 + A_3 l_3 Q_3^2 \tag{3.1.3-11}$$

由式（3.1.3-10）解出未知数 Q_2，代入式（3.1.3-11）求出 H_2，则 $Z_C = Z_A - H_2$。

【**例 3.1.3-2**】 利用上例的 A_1、l_1、H_1、Q_3、A_2 及 l_2 各值，代入式（3.1.3-10）计算 Q_2：
$$30 = 0.00529 \times 5000 (Q_2 + 0.1856)^2 + 0.02452 \times 10000 Q_2^2$$
即 $1.1342 = (Q_2 + 0.1856)^2 + 9.2703 Q_2^2$，解得 $Q_2 = 0.3097 \text{m}^3/\text{s}$
得 $$Q_1 = Q_2 + Q_3 = 0.3097 + 0.1856 = 0.4953 \text{m}^3/\text{s}$$
代入式（3.1.3-11）计算 $H_2 = 0.00529 \times 5000 \times 0.4953^2 + 0.06484 \times 15000 \times 0.1856^2 \approx 40 \text{m}$
得 $$Z_C = Z_A - 40$$

【**例 3.1.3-3**】 如图 3.1.3，已知 $n = 0.012$ 的三根管道，$l_1 = 3000 \text{m}$，$d_1 = 1 \text{m}$；$l_2 = 600 \text{m}$，$d_2 = 0.45 \text{m}$；$l_3 = 1000 \text{m}$，$d_3 = 0.6 \text{m}$。将 n 及 d 值代入式（3.1.3-9）算出 $A_1 = 0.00148$，$A_2 = 0.1050$，$A_3 = 0.0226$。$H_1 = Z_A - Z_B = 30 - 18 = 12 \text{m}$，$H_2 = Z_A - Z_C = 30 - 9 = 21 \text{m}$。求 Q_1、Q_2、Q_3。（参文献［14］276 页）

【**解**】 将已知数代入式（3.1.3-5）及（3.1.3-7）计算：
$K_3 = 12/(0.105 \times 600) = 0.1905$，$K_4 = 0.00148 \times 3000/(0.105 \times 600) = 0.0705$
$K_5 = 21/(0.0226 \times 1000) = 0.9292$，$K_6 = 0.00148 \times 3000/(0.0226 \times 1000) = 0.1965$
$A = (1 - 0.0705 + 0.1965)^2 + 4 \times 0.0705 = 1.5499$
$B = 2[(1 - 0.0705 + 0.1965)(0.1905 - 0.9292) - 2 \times 0.1905] = -2.4256$
$C = (0.1905 - 0.9292)^2 = 0.5427$

解二次方程 $1.5499 Q_1^4 - 2.4256 Q_1^2 + 0.5457 = 0$，得 $Q_1^2 = 1.2926$，$Q_1 = 1.1369 \text{m}^3/\text{s}$。
$$Q_2 = \sqrt{K_3 - K_4 Q_1^2} = \sqrt{0.1905 - 0.0705 \times 1.2926} = 0.3152 \text{m}^3/\text{s}$$
$$Q_3 = \sqrt{K_5 - K_6 Q_1^2} = \sqrt{0.9292 - 0.1965 \times 1.2926} = 0.8217 \text{m}^3/\text{s}$$

3.1.4 三项方程算图在管流计算中的应用

【例 3.1.4-1】 某渠道与河道相交,用钢筋混凝土的倒虹吸管穿过河道与下游渠道相连接,如图 3.1.4-1 所示。管长 $l=50$m,沿程阻力系数 $\lambda=0.025$,管道折角 $\alpha=30°$。当上游水位为 110m,下游水位为 107m,通过流量 $Q=3\text{m}^3/\text{s}$ 时,求管径 d。(文献 [40] 209 页)

【解】 因倒虹吸管出口在下游水面以下,为管道淹没出流。

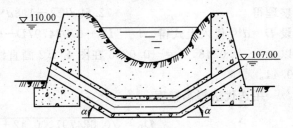

图 3.1.4-1 倒虹管图 (1)

由式
$$Q=\mu_c\omega\sqrt{2gZ_o} \text{ 及 } \mu_c=\frac{1}{\sqrt{\lambda\frac{l}{d}+\Sigma\zeta}}$$

得
$$Z_o=\frac{Q^2}{2g\omega^2\mu_c^2}=\frac{Q^2}{2g\omega^2}\left(\lambda\frac{l}{d}+\Sigma\zeta\right)=0.0826\frac{Q^2}{d^4}\left(\lambda\frac{l}{d}+\Sigma\zeta\right)$$

已知 $Z_o\approx Z=110-107=3$m 及 Q,l,λ 值。由文献 [40] 表 4.3 取管道进口 $\zeta_{\text{进}}=0.5$,30°折角转弯 $\zeta_{\text{弯}}=0.2$,出口 $\zeta_{\text{出}}=1.0$,代入上式得

$$3=0.0826\times\frac{3^2}{d^4}\left(0.025\times\frac{50}{d}+0.5+2\times0.2+1\right),\text{ 即 } d^5-0.47d-0.31=0$$

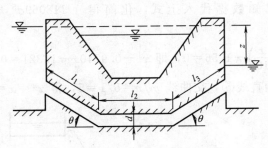

图 3.1.4-2 倒虹管图 (2)

上式与三项方程 $x^m+ax^n+b=0$ 对照,$m=5$,$n=1$,$a=-0.47$,$b=-0.31$。用 a 和 b 值在图 4.3.2 画直线①,与曲线 $m/n=5$ 相交,得 $x^n=d=0.94$m。

【例 3.1.4-2】 一河下圆形断面混凝土倒虹吸管(图 3.1.4-2),已知:粗糙系数 $n=0.014$,上下游水位差 $Z=1.5$m,流量 $Q=0.5\text{m}^3/\text{s}$,$l_1=20$m,$l_2=30$m,$l_3=20$m,折角 $\theta=30°$,试求管径 d。(文献 [16] 149 页)

【解】
$$Q=\mu_s A\sqrt{2gz},\quad \mu_s=\frac{1}{\sqrt{\zeta_e+2\zeta_{be}+\zeta_0+\lambda\frac{l}{d}}}$$

$\alpha=180°-\alpha'=180°-60°=120°$,$\zeta_e=0.5+0.3\cos120°+0.2\cos^2 120°=0.4$

查文献 [16] 附表 4.4,$\zeta_{be}=0.2$,$2\zeta_{be}=0.4$,$\zeta_0=1$

$$C=\frac{1}{n}R^{1/6}=\frac{1}{0.014}\left(\frac{d}{4}\right)^{1/6},\quad \lambda=\frac{8g}{C^2}=\frac{8\times 9.8}{\left[\frac{1}{0.014}\left(\frac{d}{4}\right)^{1/6}\right]^2}=\frac{0.0244}{d^{1/3}}$$

得
$$\mu_s=\frac{1}{\sqrt{0.4+0.4+1+\frac{0.0244}{d^{1/3}}\cdot\frac{70}{d}}}=\frac{1}{\sqrt{1.8+\frac{1.71}{d^{4/3}}}}$$

$$Q=\frac{0.7854d^2\sqrt{19.6\times1.5}}{\sqrt{1.8+\frac{1.71}{d^{4/3}}}}, \text{ 即 } 0.5=\frac{4.26d^2}{\sqrt{1.8+\frac{1.71}{d^{4/3}}}}$$

整理得 $72.59d^{16/3}-1.8d^{4/3}-1.71=0$

设 $D=d^{4/3}$ 代入上式得 $D^4-0.024797D-0.023557=0$

以 $a=-0.0248$, $b=-0.0236$ 在图 4.3.2 画直线②，交曲线 $m/n=4$，得 $x^n=D=0.42\sim 0.44$。

用迭代法提高精度：

$$D_1=\sqrt[4]{0.024797\times 0.42+0.023557}=0.4293$$
$$D_2=\sqrt[4]{0.024797\times 0.4293+0.023557}=0.4300$$
$$D=0.43, \quad d=D^{3/4}=0.53\text{m}$$

【例 3.1.4-3】 有一条虹吸管，如图 3.1.4-3，已知 $l_1=30$m，$l_2=35$m，$H_1=2.5$m，沿程水头损失系数 $\lambda=0.024$，局部水头损失系数 $\zeta_1=8.5$，$\zeta_2=3$，设计流量 $Q=0.016$m³/s，试求直径 d 的值。（文献 [27] 189 页）

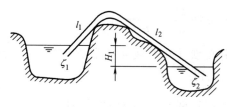

图 3.1.4-3 虹吸管

【解】 两水池流速极小，可以略去。

因此 $H_1=\left(\lambda\frac{l_1+l_2}{d}+\zeta_1+\zeta_2\right)\frac{V^2}{2g}$，$V=4Q/\pi d^2$

将已知数据代入上式，化简得 $118069d^5-11.5d-1.56=0$，须缩小系数才能用算图。

设 $d=\frac{x}{10}$，代入上式 $118069\left(\frac{x}{10}\right)^5-11.5\left(\frac{x}{10}\right)-1.56=0$，即 $x^5-0.9740x-1.321=0$。在图 4.3.1 用 $a=-0.9740$，$b=-1.321$，画直线⑤，交曲线 $m/n=5/1=5$，得 $x^n=x=1.2$m，得 $d=0.12$m。

【例 3.1.4-4】 如图 3.1.4-4 所示，长 $L=50$m 的自流管将水引至抽水井，水泵将水从水井输送至水塔。水库和水井的液面高差 $H=0.5$m。水泵抽水量 $Q=0.036$m³/s，已知 $\zeta_1=6$，$\lambda=0.03$，试求自流管直径 D。（文献 [27] 213 页）

【解】 对水库和水井液面应用伯努利方程，有

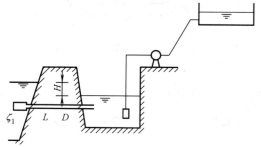

图 3.1.4-4 水泵自流引水

$$H=\left(\zeta_1+\lambda\frac{L}{D}\right)\frac{1}{2g}\left(\frac{4Q}{\pi D^2}\right)^2$$

代入已知数据得 $D^5-0.001285D-0.0003213=0$，系数太小，不便用图 4.3.1，所以设 $x=5D$ 代入，$\left(\frac{x}{5}\right)^5-0.001285\left(\frac{x}{5}\right)-0.0003213=0$，即 $x^5-0.8031x-1.0041=0$，在图 4.3.1 用 $a=-0.8031$，$b=-1.0041$ 画直线⑥，交曲线 $m/n=5/1=5$，得 $x=1.13$，则 $D=0.226$m。

迭代计算提高精度：$D_1 = \sqrt[5]{0.001285 \times 0.226 + 0.0003213} = 0.22767$

$D_2 = \sqrt[5]{0.001285 \times 0.22767 + 0.0003213} = 0.22783$

$D_3 = D_4 = 0.22785$，得 $D = 0.2279$m

3.2 明渠均匀流

3.2.1 梯（矩）形明渠：已知 Q, i, m, n 和 β 时，求 b 和 h_0 的代数解法

在梯形明渠均匀流计算中，已知流量 Q，底坡 i，边坡系数 m，粗糙系数 n 和宽深比 β 时，求底宽 b 和正常水深 h_0 可用下述代数解法。

由满宁公式得 $$Q = \frac{1}{n} i^{1/2} R^{2/3} A = \frac{1}{n} i^{1/2} \frac{(bh_0 + mh_0^2)^{5/3}}{(b + 2h_0\sqrt{1+m^2})^{2/3}}$$

即
$$\left(\frac{nQ}{i^{1/2}}\right)^{3/2} = \frac{(bh_0 + mh_0^2)^{5/2}}{b + 2h_0\sqrt{1+m^2}} \tag{3.2.1-1}$$

已知 $\beta = b/h_0$

设
$$K = \left(\frac{nQ}{i^{1/2}}\right)^{3/2} \tag{3.2.1-2}$$

将 K 和 β 代入式（3.2.1-1）
$$K = \frac{(\beta + m)^{5/2} h_0^4}{\beta + 2\sqrt{1+m^2}} \tag{3.2.1-3}$$

得
$$h_0 = \left[\frac{K(\beta + 2\sqrt{1+m^2})}{(\beta + m)^{5/2}}\right]^{1/4} \tag{3.2.1-4}$$

【例 3.2.1-1】 有一梯形断面混凝土渠道，$m = 1.5$，$n = 0.014$，$i = 0.00016$，通过流量 $Q = 30$m³/s 时作均匀流，取 $\beta = b/h_0 = 3$，求 b 及 h_0。（文献［24］302 页习题 7.8）

【解】 将已知数代入式（3.2.1-2）及（3.2.1-4）计算

$$K = \left(\frac{0.014 \times 30}{0.00016^{1/2}}\right)^{3/2} = 191.3304, \quad h_0 = \left[\frac{191.3304(3 + 2\sqrt{1+1.5^2})}{(3+1.5)^{5/2}}\right]^{1/4} = 2.33\text{m}$$

$$b = 3 \times 2.33 = 6.99\text{m}$$

【例 3.2.1-2】 设计流量 $Q = 10$m³/s 的矩形渠道，$i = 0.0001$，采用一般混凝土护面（$n = 0.014$）。试按水力最佳断面设计渠宽 b 和水深 h_0。（文献［26］129 页习题 6-3）

【解】 将 m 值代入水力最佳断面宽深比公式：$\beta = 2(\sqrt{1+m^2} - m) = 2(\sqrt{1+0} - 0) = 2$，将已知数代入式（3.2.1-2）及（3.2.1-4）计算

$$K = \left(\frac{10 \times 0.014}{0.0001^{1/2}}\right)^{3/2} = 52.383, \quad h_0 = \left[\frac{52.383(2+2)}{2^{5/2}}\right]^{1/4} = 2.47\text{m}$$

$$b = 2 \times 2.47 = 4.94\text{m}$$

【例 3.2.1-3】 某抽水站流量 10m³/s，渠道为梯形断面，$m = 1$，$n = 0.02$，$i = 1/3000$，宽深比 $\beta = 5$。试计算此渠道的断面尺寸。（文献［17］134 页）

【解】 将已知数代入式（3.2.1-2）及式（3.2.1-4）计算

$$K=\left[\frac{10\times0.02}{(1/3000)^{1/2}}\right]^{3/2}=36.26, \quad h_0=\left[\frac{36.26(5+2\sqrt{2})}{(5+1)^{5/2}}\right]^{1/4}=1.34\text{m}$$

$$b=5\times1.34=6.70\text{m}$$

3.2.2 梯（矩）形明渠：已知 Q，i，m，n 和 h_0 时，求 b 的图算法

由式（3.2.1-3）
$$\frac{K}{h_0^4}=\frac{(\beta+m)^{5/2}}{\beta+2\sqrt{1+m^2}}$$

设
$$A=\beta+m$$

则
$$b=\beta h_0=h_0(A-m) \tag{3.2.2-1}$$

代入上式
$$\frac{K}{h_0^4}=\frac{A^{5/2}}{A-m+2\sqrt{1+m^2}}$$

$$\frac{K}{h_0^4}(2\sqrt{1+m^2}-m)=A^{5/2}-\frac{AK}{h_0^4} \tag{3.2.2-2}$$

设
$$B=\frac{K}{h_0^4}(2\sqrt{1+m^2}-m) \tag{3.2.2-3}$$

$$C=K/h_0^4 \tag{3.2.2-4}$$

代入式（3.2.2-2），得 $B=A^{5/2}-AC$，作成图3.2.2。

【例 3.2.2-1】 某河道上建一座矩形断面的钢筋混凝土渡槽，渡槽分4跨，每跨长30m，总长120m。根据渡槽两端渠道尺寸及渠底高程，选定渡槽的底坡 $i=1/2000$，槽内水深 $h_0=1.98$m。当设计流量 $Q=11.5\text{m}^3/\text{s}$ 时，试设计渡槽的宽度 b。

【解】 取钢筋混凝土渡槽的粗糙率 $n=0.014$。将已知数代入式（3.2.1-2）、式（3.2.2-4）及式（3.2.2-3）计算

$$K=\left[\frac{11.5\times0.014}{\left(\frac{1}{2000}\right)^{1/2}}\right]^{3/2}=19.32$$

$$C=\frac{19.32}{1.98^4}=1.257, \quad B=1.257(2\sqrt{1+0}-0)=2.514$$

用 B 和 C 值在图3.2.2画直线①，交曲线得 $A=1.88$，代入式（3.2.2-1）计算

$$b=1.98(1.88-0)=3.72\text{m}$$

【例 3.2.2-2】 有一梯形断面渠道，水深 $h_0=1.4$m，边坡系数 $m=2.0$，粗糙系数 $n=0.025$，底坡 $i=0.0005$，流量 $Q=8\text{m}^3/\text{s}$ 时作均匀流，求底宽 b。（参文献[24]302页习题7.10）

【解】 将已知数代入式（3.2.1-2）、式（3.2.2-4）及式（3.2.2-3）计算

$$K=\left(\frac{0.025\times8}{0.0005^{1/2}}\right)^{3/2}=26.7496$$

$$C=26.7496/1.4^4=6.9631, \quad B=6.9631(2\sqrt{1+2^2}-2)=17.2136$$

用 B 和 C 值在图3.2.2画直线②，交曲线得 $A=4.81$，代入式（3.2.2-1）计算

$$b=1.4(4.81-2)=3.93\text{m}$$

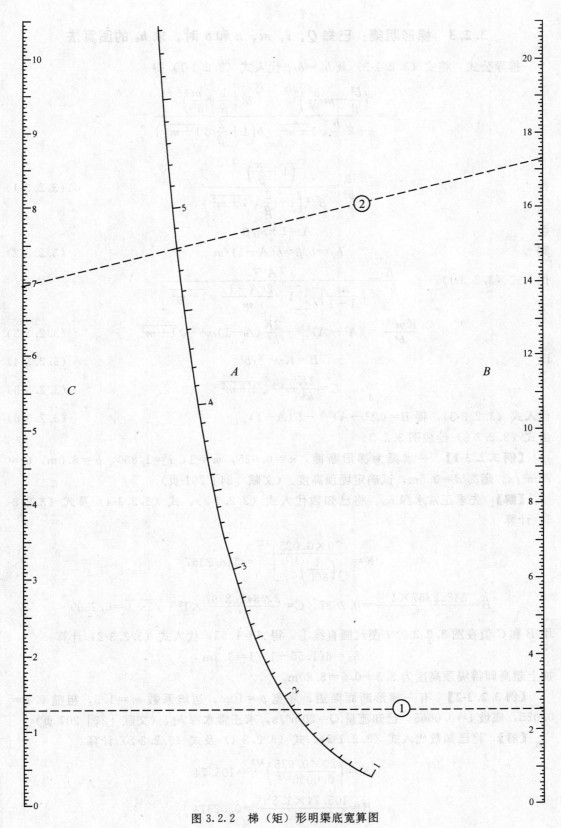

图 3.2.2 梯（矩）形明渠底宽算图

3.2.3 梯形明渠：已知 Q, i, m, n 和 b 时，求 h_0 的图算法

推导公式：将式（3.2.1-2）及 $h_0=b/\beta$ 代入式（3.2.1-1）得

$$K=\frac{\left(\frac{b^2}{\beta}+m\frac{b^2}{\beta^2}\right)^{5/2}}{b+2\frac{b}{\beta}\sqrt{1+m^2}}=\frac{b^5\left(\frac{1}{\beta}+\frac{m}{\beta^2}\right)^{5/2}}{b\left(1+\frac{2}{\beta}\sqrt{1+m^2}\right)}$$

得

$$\frac{K}{b^4}=\frac{\left(1+\frac{m}{\beta}\right)^{5/2}}{\beta^{5/2}\left(1+\frac{2}{\beta}\sqrt{1+m^2}\right)} \tag{3.2.3-1}$$

设

$$A=1+m/\beta$$

则

$$h_0=b/\beta=b(A-1)/m \tag{3.2.3-2}$$

代入式（3.2.3-1），

$$\frac{K}{b^4}=\frac{A^{5/2}}{\left(\frac{m}{A-1}\right)^{5/2}\left[1+\frac{2(A-1)}{m}\sqrt{1+m^2}\right]}$$

$$\frac{Km^{5/2}}{b^4}=(A^2-A)^{5/2}-\frac{2K}{b^4}(A-1)m^{3/2}\sqrt{1+m^2} \tag{3.2.3-3}$$

设

$$B=Km^{5/2}/b^4 \tag{3.2.3-4}$$

$$C=\frac{2K}{b^4}m^{3/2}\sqrt{1+m^2} \tag{3.2.3-5}$$

代入式（3.2.3-3），得 $B=(A^2-A)^{5/2}-C(A-1)$ (3.2.3-6)

由式（3.2.3-6）绘成图 3.2.3。

【例 3.2.3-1】 一水渠为梯形断面，$n=0.025$，$m=1$，$i=1/800$，$b=6.0\text{m}$，$Q=70\text{m}^3/\text{s}$。超高 $d=0.5\text{m}$，试确定堤顶高度。（文献 [24] 291 页）

【解】 先求正常水深 h_0。将已知数代入式（3.2.1-2）、式（3.2.3-4）及式（3.2.3-5）计算

$$K=\left[\frac{70\times 0.025}{\left(\frac{1}{800}\right)^{1/2}}\right]^{3/2}=348.2367$$

$$B=\frac{348.2367\times 1^{5/2}}{6^4}=0.2687, \quad C=\frac{2\times 348.2367}{6^4}\times 1^{3/2}\sqrt{1+1}=0.7599$$

用 B 和 C 值在图 3.2.3 的 I 图尺画直线①，得 $A=1.55$，代入式（3.2.3-2）计算

$$h_0=6(1.55-1)/1=3.3\text{m}$$

加上超高即得堤顶高度为 $3.3+0.5=3.80\text{m}$。

【例 3.2.3-2】 有一梯形断面渠道，底宽 $b=10\text{m}$，边坡系数 $m=1.5$，粗糙率 $n=0.025$，底坡 $i=0.0005$，已知流量 $Q=20\text{m}^3/\text{s}$，求正常水深 h_0。（文献 [27] 307 页）

【解】 将已知数代入式（3.2.1-2）、式（3.2.3-4）及式（3.2.3-5）计算

$$K=\left(\frac{20\times 0.025}{0.0005^{1/2}}\right)^{3/2}=105.74$$

$$B=\frac{105.74\times 1.5^{5/2}}{10^4}=0.02914$$

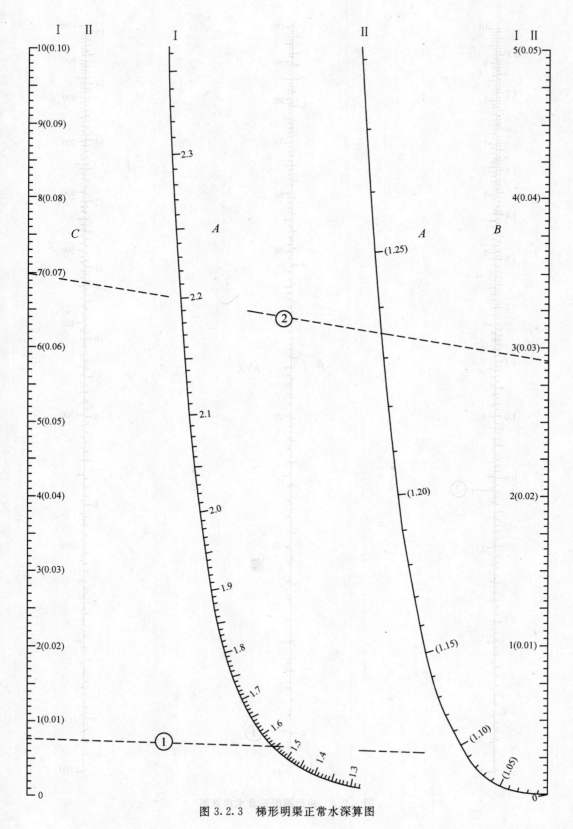

图 3.2.3 梯形明渠正常水深算图

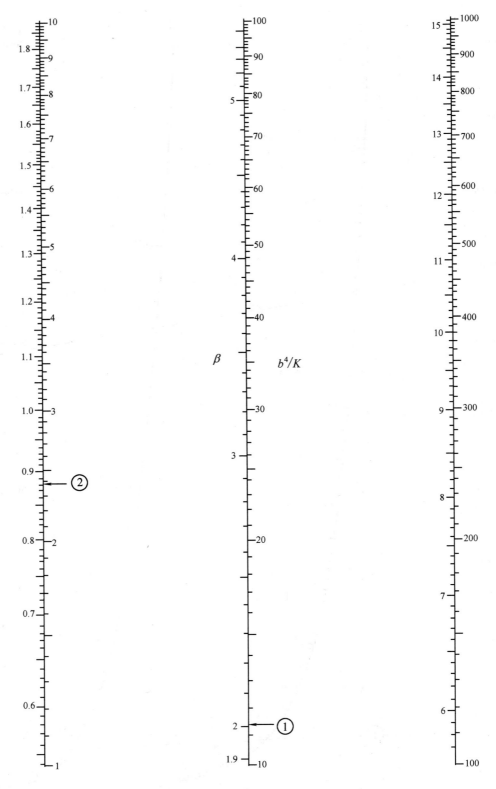

图 3.2.4 矩形明渠正常水深算图

$$C = \frac{2 \times 105.74 \times 1.5^{3/2} \sqrt{1+1.5^2}}{10^4} = 0.0700$$

用 B 和 C 值在图 3.2.3 的 Ⅱ 图尺画直线②，得 $A=1.235$，代入式（3.2.3-2）计算

$$h_0 = 10(1.235-1)/1.5 = 1.57 \text{m}$$

3.2.4 矩形明渠：已知 Q，i，n 和 b 时，求 h_0 的图算法

矩形明渠的边坡系数 $m=0$，不能用式（3.2.3-4）和式（3.2.3-5）计算 B 和 C 值，因此就不能用图 3.2.3。改将 $m=0$ 代入式（3.2.3-1）得

$$b^4/K = \beta^{3/2}(2+\beta) \qquad (3.2.4\text{-}1)$$

图 3.2.4 即由式（3.2.4-1）所作成。

【**例 3.2.4-1**】 已知矩形明渠的流量 Q 为 $20.3\text{m}^3/\text{s}$，底宽 b 为 8m，粗糙系数 n 为 0.028，底坡 i 为 1/8000。试求正常水深 h_0。（参文献 [26] 例 6-1）

【**解**】 将已知数代入式（3.2.1-2）及式（3.2.4-1）计算

$$K = \left[\frac{20.3 \times 0.028}{(1/8000)^{1/2}}\right]^{3/2} = 362.49$$

$$\frac{b^4}{K} = \frac{8^4}{362.49} = 11.30$$

用 b^4/K 值在图 3.1.4 查得点①的 $\beta=2$，则 $h_0 = b/\beta = 8/2 = 4\text{m}$。

【**例 3.2.4-2**】 有一矩形断面的引水渡槽，底宽 $b=1.5\text{m}$，底坡 $i=0.00421$，通过设计流量 $Q=7.65\text{m}^3/\text{s}$，槽身为混凝土（$n=0.014$），试求正常水深 h_0。（参文献 [24] 292 页例 7.3）

【**解**】 将已知数代入式（3.2.1-2）及式（3.2.4-1）计算

$$K = \left(\frac{7.65 \times 0.014}{0.00421^{1/2}}\right)^{3/2} = 2.12$$

$$\frac{b^4}{K} = \frac{1.5^4}{2.12} = 2.388$$

用 b^4/K 值在图 3.2.4 查得点②得 $\beta=0.881$，则 $h_0 = b/\beta = 1.5/0.881 = 1.70\text{m}$。

3.3 明渠非均匀流

3.3.1 梯形明渠临界水深图算法

水力学中计算梯形明渠临界水深 h_c 常用试算法，本节介绍免去试算的图算法。

已知

$$\frac{\alpha Q^2}{g} = \frac{A_c^3}{B} = \frac{[(b+mh_c)h_c]^3}{b+2mh_c} \qquad (3.3.1\text{-}1)$$

式中 h_c 是未知数。

设

$$K = \alpha Q^2/g$$
$$\beta = b/h_c$$

代入式（3.3.1-1）得

$$K = \frac{\left(\dfrac{b^2}{\beta} + \dfrac{mb^2}{\beta^2}\right)^3}{b + 2m\dfrac{b}{\beta}} = \frac{b^6\left(\dfrac{1}{\beta} + \dfrac{m}{\beta^2}\right)^3}{b\left(1 + 2\dfrac{m}{\beta}\right)}$$

得
$$\frac{K}{b^5} = \frac{\left(1 + \dfrac{m}{\beta}\right)^3}{\beta^3\left(1 + \dfrac{2m}{\beta}\right)} \tag{3.3.1-2}$$

设
$$C = 1 + \frac{m}{\beta} = 1 + \frac{mh_c}{b} \tag{3.3.1-3}$$

得
$$h_c = (C-1)b/m \tag{3.3.1-4}$$

将式（3.3.1-3）代入（3.3.1-2）：

$$\frac{K}{b^5} = \frac{C^3}{\left(\dfrac{m}{C-1}\right)^3 \left[1 + \dfrac{2m(C-1)}{m}\right]}$$

$$\frac{Km^3}{b^5} = \frac{[C(C-1)]^3}{2C-1} \tag{3.3.1-5}$$

设
$$D = Km^3/b^5 \tag{3.3.1-6}$$

将式（3.3.1-6）代入式（3.3.1-5）后作成图 3.3.1。

【例 3.3.1】 梯形断面渠道边坡系数 $m=1.5$，底宽 $b=10$m，流量 $Q=50$m³/s，试求临界水深 h_c。（文献 [24] 315 页）

【解】
$$K = \frac{\alpha Q^2}{g} = \frac{1 \times 50^2}{9.81} = 255$$

用式（3.3.1-6）计算

$$D = \frac{255 \times 1.5^3}{10^5} = 0.0086$$

有 D 值在图 3.3.1 查得点①的 C 值为 1.192，代入式（3.3.1-4）计算

$$h_c = \frac{10(1.192-1)}{1.5} = 1.28\text{m}$$

3.3.2 平底梯形明渠跃后水深图算法

计算平底梯形明渠水跃后的水深 h_2 的方法常用试算法或图解法，但以文献 [27] 295 页证明的式（3.3.2-1）更为简捷适用。

$$\eta^4 + \left(\frac{5}{2}\beta + 1\right)\eta^3 + \left(\frac{3}{2}\beta + 1\right)(\beta+1)\eta^2 + \left[\left(\frac{3}{2}\beta + 1\right)\beta - \frac{3\sigma^2}{\beta+1}\right]\eta - 3\sigma^2 = 0 \tag{3.3.2-1}$$

式中
$$\beta = \frac{b}{mh_1},\quad \eta = \frac{h_2}{h_1},\quad \sigma = \frac{Q}{mg^{1/2}h_1^{5/2}}$$

本节将式（3.3.2-1）绘成图 3.3.2，已知 β 和 σ 值时画直线求出 η，从而算出 h_2。

【例 3.3.2-1】 有一梯形断面平底渠道，底宽 $b=2$m，边坡系数 $m=1.5$，渠道的流量 $Q=10$m³/s。当渠中发生水跃时，跃前水深 $h_1=0.65$m，求跃后水深 h_2。（文献 [24] 331 页）

【解】
$$\beta = \frac{2}{1.5 \times 0.65} = 2.05,\quad \sigma = \frac{10}{1.5 \times 9.8^{1/2} \times 0.65^{5/2}} = 6.25$$

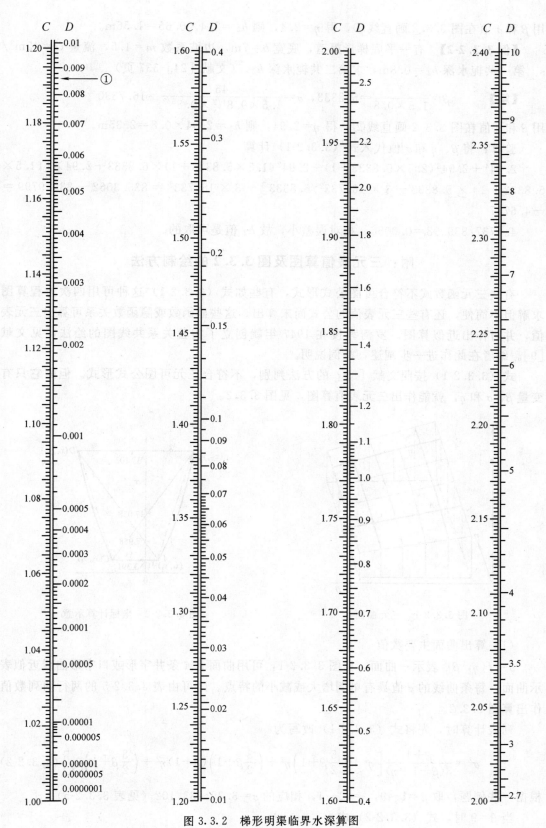

图 3.3.2 梯形明渠临界水深算图

用 β 和 σ 值在图 3.3.2 画直线①，得 $\eta=2.4$，则 $h_2=2.4\times0.65=1.56\text{m}$。

【例 3.3.2-2】 有一平底梯形渠道，底宽 $b=7\text{m}$，边坡系数 $m=1.5$，流量 $Q=45\text{m}^3/\text{s}$。第一共轭水深 $h_1=0.8\text{m}$，求第二共轭水深 h_2。（文献 [24] 337 页）

【解】 $\beta=\dfrac{7}{1.5\times0.8}=5.8333$，$\sigma=\dfrac{45}{1.5\times9.8^{1/2}\times0.8^{5/2}}=16.7330$

用 β 和 σ 值在图 3.3.2 画直线②，得 $\eta=2.94$，则 $h_2=2.94\times0.8=2.35\text{m}$。

验算：将 β、η 和 σ 值代入式（3.3.2-1）计算

$2.94^4+2.94^3(2.5\times5.8333+1)+2.94^2(1.5\times5.8333+1)\times6.8333+2.94\times[(1.5\times5.8333+1)\times5.8333-3\times16.733^2/6.8333]-3\times16.733^2=835.3062-839.9799=-4.6737$

$4.6737/839.98=0.0056$，相对误差小，故 h_2 值是可取的。

附：三元表值算图及图 3.3.2 的绘制方法

有些三元函数式不符合可图公式形式，有些如式（3.3.2-1）这种可用四次方程算图求解但不简便，还有些三元表值的公式尚未算出。这些显函数或隐函数关系可算出三元表值，并可作出近似算图。罗河教授在 1947 年就创立了实验关系共线图的绘法，见文献[9]。编者在此作进一步阐述，举例说明。

式（3.3.2-1）按照文献[33]的方法判别，不符合三元可图公式形式。但因它只有变量 β、σ 和 η，就能作出三元表值算图，见图 3.3.2。

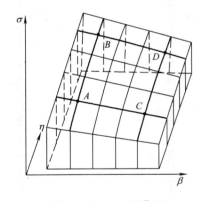

图 3.3.2-1 三元曲面

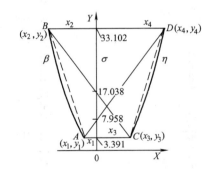

图 3.3.2-2 坐标计算示意

（1）算出曲面主要数值

$\sigma=f(\eta,\beta)$ 表示一曲面，见图 3.3.2-1，可用曲面上 4 条井字形或口字形曲线近似表示曲面，每条曲线的 σ 值具有单调增大或减小的特点。即可由表 3.3.2-5 的两行两列数值作出算图 3.3.2。

列表计算时，先将式（3.3.2-1）改写为

$$\sigma^2=\dfrac{\beta+1}{3(\beta+1+\eta)}\left[\eta^4+\left(\dfrac{5}{2}\beta+1\right)\eta^3+\left(\dfrac{3}{2}\beta+1\right)(\beta+1)\eta^2+\left(\dfrac{3}{2}\beta+1\right)\beta\eta\right] \quad (3.3.2\text{-}2)$$

根据一些例题，取 $\beta=1\sim9$，$\eta=2\sim4$，相应的 $\sigma=3.39\sim33.102$（见表 3.3.2-5）。

当 $\beta=9$ 时，式（3.3.2-2）成为

$$\sigma^2 = \frac{10}{3(\eta+10)}(\eta^4 + 23.5\eta^3 + 145\eta^2 + 130.5\eta)$$

$\beta=9$ 时计算 σ 值　　　　　　　　　　　　　　表 3.3.2-1

η	①=η^2	②=η^3	③=η^4	④=23.5②	⑤=145①	⑥=130.5η	⑦=③+④+⑤+⑥	⑧=10/3(η+10)	⑨=⑧⑦	$\sigma=\sqrt{⑨}$
2	4	8	16	188	580	261	1045	0.2778	290.301	17.038
2.25	5.0625	11.3906	25.6289	267.6791	734.06	293.63	1320.00	0.2721	359.444	18.959
2.5	6.25	16.6250	39.0625	367.1875	906.25	326.25	1638.75	0.2667	437.055	20.906
2.75	7.5625	20.7969	57.1914	488.7272	1096.56	358.88	2001.36	0.2614	523.155	22.873
3	9	27	81	634.5	1305	391.5	2412	0.2564	618.437	24.868
3.25	10.5625	34.3281	111.5664	806.7104	1531.56	424.13	2873.97	0.2516	723.090	26.890
3.5	12.25	42.8750	150.0625	1007.5625	1776.25	456.75	3390.63	0.2469	837.193	28.934
3.75	14.0625	52.7344	197.7539	1239.2584	2039.06	489.38	3965.45	0.2424	961.226	31.004
4	16	64	256	1504	2320	522	4602	0.2381	1095.714	33.102

当 $\beta=1$ 时，式（3.3.2-2）成为

$$\sigma^2 = \frac{2}{3(\eta+2)}(\eta^4 + 3.5\eta^3 + 5\eta^2 + 2.5\eta)$$

$\beta=1$ 时计算 σ 值　　　　　　　　　　　　　　表 3.3.2-2

η	①=η^2	②=η^3	③=η^4	④=3.5②	⑤=5①	⑥=2.5η	⑦=③+④+⑤+⑥	⑧=2/3(η+2)	⑨=⑧⑦	$\sigma=\sqrt{⑨}$
2	4	8	16	28	20	5	69	0.1667	11.5	3.391
2.25	5.0625	11.3906	25.6289	39.8671	25.3125	5.625	96.4335	0.1569	15.1568	3.889
2.5	6.25	15.6250	39.0625	54.6875	31.25	6.25	131.25	0.1481	19.4444	4.410
2.75	7.5625	20.7969	57.1914	72.7892	37.8125	6.875	174.6681	0.1404	24.5148	4.951
3	9	27	81	94.5	45	7.5	228	0.1333	30.4	5.514
3.25	10.5625	34.3281	111.5664	120.1484	52.8125	8.125	292.6523	0.1270	37.1622	6.096
3.5	12.25	42.8750	150.0625	150.0625	61.25	8.75	371.25	0.1212	45	6.708
3.75	14.0625	52.7344	197.7539	184.5703	70.3125	9.375	462.0117	0.1159	53.5666	7.319
4	16	64	256	224	80	10	570	0.1111	63.3270	7.958

当 $\eta=4$ 时，式（3.3.2-2）成为

$$\sigma^2 = \frac{\beta+1}{3(\beta+5)}\left[256 + 64\left(\frac{5}{2}\beta+1\right) + 16\left(\frac{3}{2}\beta+1\right)(\beta+1) + 4\beta\left(\frac{3}{2}\beta+1\right)\right]$$

$\eta=4$ 时计算 σ 值　　　　　　　　　　　　　　表 3.3.2-3

β	①=$\frac{5}{2}\beta+1$	②=$\frac{3}{2}\beta+1$	③=$\beta+1$	④=64①	⑤=16②③	⑥=4β②	⑦=256+④+⑤+⑥	⑧=③⑦	⑨=$\frac{⑧}{\beta+5}$	$\sigma=\sqrt{⑨/3}$
1	3.5	2.5	2	224	80	10	570	1140	190	7.958
1.5	4.75	3.25	2.5	304	130	19.5	709.5	1773.75	272.88	9.537

续表

β	①=$\frac{5}{2}\beta+1$	②=$\frac{3}{2}\beta+1$	③=$\beta+1$	④=64①	⑤=16②③	⑥=4β②	⑦=256+④+⑤+⑥	⑧=③⑦	⑨=$\frac{⑧}{\beta+5}$	$\sigma=\sqrt{⑨/3}$
2	6	4	3	384	192	32	864	2592	370.29	11.110
2.5	7.25	4.75	3.5	464	266	47.5	1033.5	3617.25	482.30	12.679
3	8.5	5.5	4	544	352	66	1218	4872	609	14.248
3.5	9.75	6.25	4.5	624	451	87.5	1417.5	6378.75	750.44	15.816
4	11	7	5	704	560	112	1632	8160	906.67	17.385
5	13.5	8.5	6	864	816	170	2106	12636	1263.60	20.523
6	16	10	7	1024	1120	240	2640	18480	1680	23.664
7	18.5	11.5	8	1184	1472	322	3234	25872	2156	26.808
8	21	13	9	1344	1872	416	3888	34992	2691.69	29.954
9	23.5	14.5	10	1504	2320	522	4602	46020	3287.14	33.102

当 $\eta=2$ 时，式 (3.3.2-2) 成为

$$\sigma^2 = \frac{\beta+1}{3(\beta+3)}\left[16 + 8\left(\frac{5}{2}\beta+1\right) + 4\left(\frac{3}{2}\beta+1\right)(\beta+1) + 2\beta\left(\frac{3}{2}\beta+1\right)\right]$$

$\eta=2$ 时计算 σ 值   表 3.3.2-4

β	①=$\frac{5}{2}\beta+1$	②=$\frac{3}{2}\beta+1$	③=$\beta+1$	④=8①	⑤=4②③	⑥=2β②	⑦=16+④+⑤+⑥	⑧=③⑦	⑨=$\frac{⑧}{\beta+3}$	$\sigma=\sqrt{⑨/3}$
1	3.5	2.5	2	28	20	5	69	138	34.5	3.391
1.5	4.75	3.25	2.5	38	32.5	9.75	96.25	240.625	53.4722	4.222
2	6	4	3	48	48	16	128	384	76.8	5.060
2.5	7.25	4.75	3.5	58	66.5	23.75	164.25	574.875	104.5227	5.903
3	8.5	5.5	4	68	88	33	205	820	136.6667	6.749
3.5	9.75	6.25	4.5	78	112.5	43.75	250.25	1126.125	173.25	7.599
4	11	7	5	88	140	56	300	1500	214.2857	8.452
5	13.5	8.5	6	108	204	85	413	2478	309.75	10.161
6	16	10	7	128	280	120	544	3808	423.1111	11.876
7	18.5	11.5	8	148	368	161	693	5544	554.40	13.594
8	21	13	9	168	468	208	860	7740	703.6364	15.315
9	23.5	14.5	10	188	580	261	1045	10450	870.8333	17.038

把表 3.3.2-1～3.3.2-4 的 σ 值列于表 3.3.2-5，这就是代表曲面的口字形数值。

两行两列 σ 值汇总   表 3.3.2-5

η \ β	1	1.5	2	2.5	3	3.5	4	5	6	7	8	9
2	3.391	4.222	5.060	5.903	6.749	7.599	8.452	10.161	11.876	13.594	15.315	17.038
2.25	3.889											18.959
2.5	4.410											20.906

续表

η\β	1	1.5	2	2.5	3	3.5	4	5	6	7	8	9
2.75	4.951											22.873
3	5.514											24.868
3.25	6.096											26.890
3.5	6.708											28.934
3.75	7.319											31.004
4	7.958	9.537	11.110	12.679	14.248	15.816	17.385	20.523	23.664	26.808	29.954	33.102

(2) 确定算图 4 角的坐标

为使图形比较均衡，在图 3.3.2-2 中取 σ 为直线，均匀分度，图高 $(33.102-3.391) \times 0.7 = 20.80$cm。取 $\beta=1$（A 点）、9（B 点）及 $\eta=2$（C 点）、4（D 点），这四点构成等腰梯形。由图 3.3.2-2 知

$$x_2 - x_1 = x_4 - x_3 \tag{3.3.2-3}$$
$$x_2 + x_4 = a \tag{3.3.2-4}$$
$$x_1 / x_4 = b \tag{3.3.2-5}$$
$$x_3 / x_2 = c \tag{3.3.2-6}$$

取图宽 $a=14$cm。用图 3.3.2-2 所注数字计算

$$b = \frac{7.958 - 3.391}{33.102 - 7.958} = 0.18163, \quad c = \frac{17.038 - 3.391}{33.102 - 17.038} = 0.84954$$

$$x_3 = cx_2 = c(a - x_4) = c(a - x_1/b) \tag{3.3.2-7}$$

将式（3.3.2-4）～（3.3.2-6）之 x_4、x_3、x_2 代入式（3.3.2-3）

得

$$x_1 = \frac{ab(c+1)}{b+c+2} \tag{3.3.2-8}$$

将 a、b、c 值代入（3.3.2-8）、（3.3.2-5）、（3.3.2-4）及（3.3.2-6）计算得 A、B、C、D 四点的横标为：$x_1=1.552$，$x_4=8.542$，$x_2=5.458$，$x_3=4.636$cm。BD 及 AC 平行于 x 轴。

(3) 绘 η 与 β 曲线图尺

先以 $\beta=1$ 和 9 为投射点，绘 η 图尺。η 曲线上任意一点坐标为 x 和 y。由图 3.3.2-3 的相似三角形得

$$\frac{y - y_1}{\sigma_1 - y_1} = \frac{x_1 + x}{x_1}$$

得

$$y = (\sigma_1 - y_1)x/x_1 + \sigma_1 \tag{3.3.2-9}$$

$$\frac{y_2 - y}{\sigma_2 - y} = \frac{x_2 + x}{x}$$

得

$$y = \frac{x}{x_2}(\sigma_2 - y_2) + \sigma_2 \tag{3.3.2-10}$$

式（3.3.2-9）=（3.3.2-10）得

$$x = \frac{\sigma_2 - \sigma_1}{\dfrac{\sigma_1 - y_1}{x_1} - \dfrac{\sigma_2 - y_2}{x_2}} \tag{3.3.2-11}$$

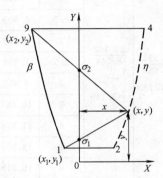

图 3.3.2-3 β 投射点计算图

η 曲线坐标计算表 表 3.3.2-6

①＝$\frac{y_1}{x_1}$	②＝$\frac{y_2}{x_2}$ －①	③＝η	④＝σ_1	⑤＝σ_2	⑥＝ $\sigma_2-\sigma_1$	⑦＝σ_1/x_1	⑧＝σ_2/x_2	⑨＝②＋ ⑦－⑧	x＝⑥/⑨	y＝(⑦－ ①)x＋④
$\frac{3.391}{1.552}$ =2.185	$\frac{33.102}{5.458}$ －2.185 ＝3.880	2	3.391	17.038	13.647	2.185	3.122	2.943	4.637	3.391
		2.25	3.889	18.959	15.070	2.506	3.474	2.912	5.175	5.550
		2.5	4.410	20.906	16.496	2.841	3.830	2.891	5.706	8.153
		2.75	4.951	22.873	17.922	3.190	4.191	2.879	6.225	11.207
		3	5.514	24.868	19.354	3.553	4.556	2.877	6.727	14.717
		3.25	6.096	26.890	20.794	3.928	4.927	2.881	7.218	18.677
		3.5	6.708	28.934	22.226	4.322	5.301	2.901	7.661	23.080
		3.75	7.319	31.004	23.685	4.716	5.680	2.916	8.122	27.876
		4	7.958	33.102	25.144	5.128	6.065	2.943	8.544	33.103

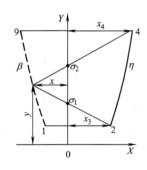

图 3.3.2-4 η 投射点计算图

再以 $\eta=2$ 和 4 为投射点，绘 β 图尺。由图 3.3.2-4 知，β 曲线上任意一点的坐标为 x 和 y。

将式（3.3.2-9）及（3.3.2-10）中的 x_1 换成 x_3，x_2 换成 x_4，便可按表 3.3.2-7 计算 x 和 y。

用 x 和 y 值在图 3.3.2 中绘出 β 曲线。η 和 β 的 y 值须乘 0.7 绘在毫米方格底上，因上页 σ 值已乘以 0.7。下表中 $\beta=3$ 的坐标举例注在图 3.3.2。

β 曲线坐标计算表 表 3.3.2-7

①＝$\frac{y_1}{x_3}$	②＝$\frac{y_2}{x_4}$ －①	③＝β	④＝σ_1	⑤＝σ_2	⑥＝ $\sigma_2-\sigma_1$	⑦＝σ_1/x_3	⑧＝σ_2/x_4	⑨＝②＋ ⑦－⑧	x＝⑥/⑨	y＝(⑦－ ①)x＋④
$\frac{3.391}{4.680}$ =0.725	$\frac{33.102}{8.544}$ －① ＝3.149	1	3.391	7.958	4.567	0.725	0.931	2.943	1.552	3.391
		1.5	4.222	9.537	5.315	0.902	1.116	2.935	1.811	4.543
		2	5.060	11.110	6.050	1.081	1.300	2.930	2.065	5.795
		2.5	5.903	12.679	6.776	1.261	1.484	2.926	2.316	7.144
		3	6.749	14.248	7.499	1.442	1.668	2.923	2.566	8.589
		3.5	7.599	15.816	8.217	1.624	1.851	2.922	2.812	10.227
		4	8.452	17.385	8.933	1.806	2.035	2.920	3.059	11.759
		5	10.161	20.523	10.362	2.171	2.402	2.918	3.551	15.300
		6	11.876	23.664	11.788	2.538	2.770	2.917	4.041	19.202
		7	13.594	26.808	13.214	2.905	3.138	2.916	4.532	23.474
		8	15.315	29.854	14.639	3.272	3.506	2.915	5.021	28.103
		9	17.038	33.102	16.064	3.641	3.874	2.916	5.509	33.102

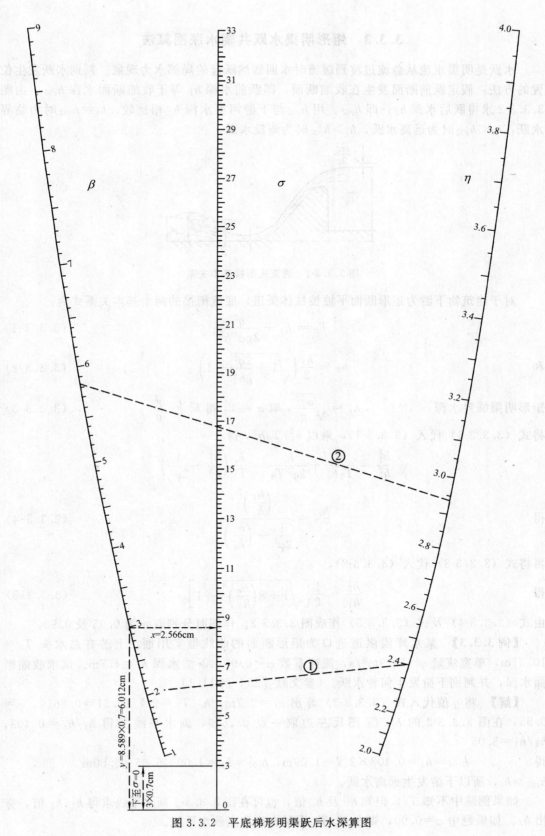

图 3.3.2 平底梯形明渠跃后水深算图

3.3.3 矩形明渠水跃共轭水深图算法

水跃是明渠水流从急流过渡到缓流时水面骤然跃起的局部水力现象。判别水跃发生位置的方法：假定跃前断面发生在收缩断面，即跃前水深 h_1 等于收缩断面水深 h_{c01}。由图 3.3.3-2 求得跃后水深 h_2，即 h_{c02}。用 h_{c02} 与下游河渠水深 h_t 相比较，$h_t = h_{c02}$ 时为临界水跃，$h_t < h_{c02}$ 时为远离水跃，$h_t > h_{c02}$ 时为淹没水跃。

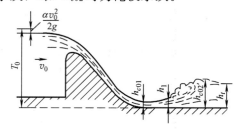

图 3.3.3-1 底流式衔接基本关系

对于建筑物下游为矩形断面平坡棱柱体渠道，底流衔接的两个基本关系式为：

$$T_0 = h_1 + \frac{q^2}{2g\varphi^2 h_1^2} \tag{3.3.3-1}$$

和

$$h_2 = \frac{h_1}{2}\left(\sqrt{1 + \frac{2q^2}{gh_1^3}} - 1\right) \tag{3.3.3-2}$$

矩形明渠临界水深 $h_c = \sqrt[3]{\dfrac{\alpha q^2}{g}}$，取 $\alpha = 1$，得 $h_c^3 = \dfrac{q^2}{g}$ (3.3.3-3)

将式（3.3.3-3）代入（3.3.3-1），乘以 $h_1^2/T_0 h_c^2$，得

$$\frac{h_1^2}{h_c^2} = \frac{h_1^3}{T_0 h_c^2} + \frac{h_c}{2\varphi^2 T_0} = \frac{h_c}{T_0}\left(\frac{h_1^3}{h_c^3} + \frac{1}{2\varphi^2}\right)$$

得

$$\frac{h_c}{T_0} = \frac{\left(\dfrac{h_1}{h_c}\right)^2}{\dfrac{1}{2\varphi^2} + \left(\dfrac{h_1}{h_c}\right)^3} \tag{3.3.3-4}$$

再将式（3.3.3-3）代入（3.3.3-2），

得

$$\frac{h_2}{h_1} = \frac{1}{2}\left[\sqrt{1 + 8\left(\frac{h_c}{h_1}\right)^3} - 1\right] \tag{3.3.3-5}$$

由式（3.3.3-4）及式（3.3.3-5）作成图 3.3.3-2。作图时分别取 φ 为 0.95 及 0.90。

【例 3.3.3】 某水库溢洪道进口为矩形断面的曲线型实用堰。上游有总水头 $T_0 = 10.31\text{m}$，单宽流量 $q = 13.9\text{m}^2/\text{s}$，流速系数 $\varphi = 0.95$，下游水深 $h_t = 4.7\text{m}$。试求收缩断面水深，并判别下游发生何种水跃。（参文献 [25] 例 11.1）

【解】 将 q 值代入式（3.3.3-3）算出 $h_c = 2.7\text{m}$，$h_c/T_0 = 2.7/10.31 = 0.2619$，$\varphi = 0.95$，在图 3.3.3-2 的 h_c/T_0 图尺左边取一点 0.2619，画水平线②得 $h_1/h_c = 0.403$，$h_2/h_1 = 5.05$

得 $h_{c01} = h_1 = 0.403 \times 2.7 = 1.09\text{m}$，$h_{c02} = h_2 = 1.09 \times 5.05 = 5.50\text{m}$

$h_{c02} > h_t$，所以下游发生远离水跃。

如果例题中不知 T_0，但知 h_1 及 h_c 值，也可在图 3.3.3-2 画水平线求得 h_2/h_1 值，算出 h_2。如果题中 $\varphi = 0.90$，则在 h_c/T_0 图尺右边取点画水平线。

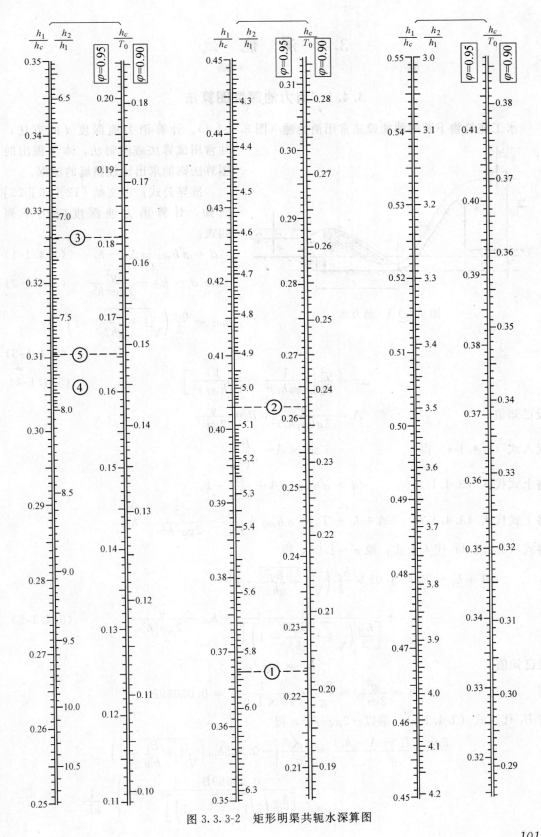

图 3.3.3-2 矩形明渠共轭水深算图

3.4 消 能 流

3.4.1 消力池深度图算法

水工建筑物下游的消能设施常用消力池（图 3.4.1-1）。计算消力池深度 d 的方法，往往用试算法或图解法，本节提出的图算法则能求出比较精确的池深。

推导公式：由文献 [12][16][25] 所知，计算消力池深度应用下列四式：

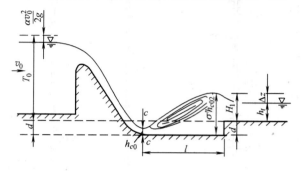

图 3.4.1-1 消力池

$$d = \sigma' h_{c02} - \Delta z - h_t \tag{3.4.1-1}$$

$$T_0 + d = h_{c0} + \frac{q^2}{2g\varphi^2 h_{c0}^2} \tag{3.4.1-2}$$

$$h_{c02} = \frac{h_{c0}}{2}\left(\sqrt{1+\frac{8q^2}{gh_{c0}^3}}-1\right) \tag{3.4.1-3}$$

$$\Delta z = \frac{q^2}{2g}\left[\frac{1}{(\varphi_1 h_t)^2} - \frac{1}{(\sigma' h_{c02})^2}\right] \tag{3.4.1-4}$$

设已知值 $\qquad A = \dfrac{q^2}{2g(\varphi_1 h_t)^2},\ B = \dfrac{q^2}{2g\sigma'^2}$

代入式 (3.4.1-4) 得 $\qquad \Delta z = A - \dfrac{B}{h_{c02}^2}$

将上式代入 (3.4.1-1) $\qquad d = \sigma' h_{c02} - A + \dfrac{B}{h_{c02}^2} - h_t$

将上式代入 (3.4.1-2) $\quad A + h_t - T_0 = \sigma' h_{c02} + \dfrac{B}{h_{c02}^2} - \dfrac{q^2}{2g\varphi^2 h_{c0}^2} - h_{c0}$

将式 (3.4.1-3) 代入上式，取 $\sigma'=1.05$，得

$$A + h_t - T_0 = 1.05 \times \frac{h_{c0}}{2}\left(\sqrt{1+\frac{8q^2}{gh_{c0}^3}}-1\right)$$

$$+ \frac{B}{\left[\dfrac{h_{c0}}{2}\left(\sqrt{1+\dfrac{8q^2}{gh_{c0}^3}}-1\right)\right]^2} - h_{c0} - \frac{q^2}{2g\varphi^2 h_{c0}^2} \tag{3.4.1-5}$$

设已知值 $\qquad B_1 = 8q^2/g$

则 $\qquad B = \dfrac{q^2}{2g\sigma'^2} = \dfrac{8q^2}{g} \times \dfrac{1}{16 \times 1.05^2} = 0.05669 B_1$

将 B_1 代入式 (3.4.1-5)，乘以 $-2g\varphi^2/q^2$，得

$$\frac{2g\varphi^2(T_0 - A - h_t)}{q^2} = \frac{2g\varphi^2}{q^2}\left\{-0.525 h_{c0}\left(\sqrt{1+\frac{B_1}{h_{c0}^3}}-1\right)\right.$$

$$\left. - \frac{0.05669 B_1}{\left[\dfrac{h_{c0}}{2}\left(\sqrt{1+\dfrac{B_1}{h_{c0}^3}}-1\right)\right]^2} + h_{c0}\right\} + \frac{1}{h_{c0}^2}$$

设
$$C = \frac{2g\varphi^2(T_0 - A - h_t)}{q^2}, \quad D = \frac{2g\varphi^2}{q^2}, \quad x = \frac{B_1}{h_{c0}^3}$$

代入上式，再乘以 $B_1^{2/3}$ 得

$$CB_1^{2/3} = DB_1 x^{-1/3}\left[-0.525(\sqrt{1+x}-1) - \frac{0.22676x}{(\sqrt{1+x}-1)^2} + 1\right] + x^{2/3} \tag{3.4.1-6}$$

设
$$E = CB_1^{2/3} = \frac{17.12562\varphi^2(T_0 - A - h_t)}{q^{2/3}} \tag{3.4.1-7}$$

式中
$$DB_1 = 16\varphi^2 \tag{3.4.1-8}$$

将式（3.4.1-7）及（3.4.1-8）代入（3.4.1-6），分别取 $\varphi = 0.95$ 及 0.90，绘成图 3.4.3-3。

【例 3.4.1-1】 图 3.4.1-2 为修筑于河道中的溢流坝，坝顶高程为 110.00m，溢流面长度中等，河床高程为 100.00m，上游水位为 112.96m，下游水位为 104.00m，通过溢流坝的单宽流量 $q = 11.3\text{m}^2/\text{s}$。判别下游是否要做消能工。若需要则作消力池水力计算。（文献［25］58 页）

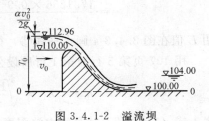

图 3.4.1-2　溢流坝

【解】　（1）判别下游是否要做消能工

$T = 112.96 - 100.00 = 12.96\text{m}$, $v_0 = q/T = 11.3/12.96 = 0.87\text{m/s}$

$\alpha v_0^2/2g = 1 \times 0.87^2/19.6 = 0.04\text{m}$，上游总水头 $T_0 = 12.96 + 0.04 = 13.00\text{m}$

临界水深　　$h_c = \sqrt[3]{\dfrac{\alpha q^2}{g}} = \sqrt[3]{\dfrac{1 \times 11.3^2}{9.81}} = 2.35\text{m}$, $\dfrac{h_c}{T_0} = \dfrac{2.35}{13} = 0.1808$

按坝的溢流面长度为中等，由文献［25］表 11.1 查得 $\varphi = 0.95$，用 h_c/T_0 及 φ 值在图 3.3.3-2 画水平线③，得

$h_1/h_c = 0.3262$, $h_2/h_1 = 7.1$, 得 $h_2 = 7.1 h_1 = 7.1 \times 0.3262 \times 2.35 = 5.44\text{m}$

即 $h_{c02} = 5.44\text{m}$，而下游水深 $h_t = 104 - 100 = 4\text{m} < h_{c02}$。所以坝下游发生远离水跃，需做消能工。计算消力池长度同文献［25］，此处从略。

（2）计算消力池深度

$$A = \frac{q^2}{2g(\varphi_1 h_t)^2} = \frac{11.3^2}{19.62(0.95 \times 4)^2} = 0.4507$$

由式（3.4.1-7）　　$E = \dfrac{17.1256 \times 0.95^2(13 - 0.4507 - 4)}{11.3^{2/3}} = 26.24$

用 E 值在图 3.4.3-3 画水平线①，得 $x = 280.6$，用已设公式计算

$$h_{c0} = \sqrt[3]{\frac{B_1}{x}} = \sqrt[3]{\frac{1}{280.6} \times \frac{8 \times 11.3^2}{9.81}} = 0.719\text{m}$$

代入式（3.4.1-2）计算消力池深度

$$d = -13 + 0.719 + \frac{11.3^2}{19.62 \times 0.95^2 \times 0.719^2} = 1.67\text{m}$$

【例 3.4.1-2】　在山洪沟上修筑一个单级跌水，设计流量 $Q = 8.70\text{m}^3/\text{s}$，跌水高度 $P = 3.10\text{m}$，上游渠道水深 $H = 1.52\text{m}$，流速 $v_0 = 1.20\text{m/s}$，下游渠道水深 $h_t = 1.86\text{m}$，

试计算消力池深度。(参文献 [7] 381 页)

【解】 由 P 值查文献 [7] 表 8-6，取流速系数 φ 为 0.90。

计算跌水口宽度 $b=Q/\varepsilon MH_0^{2/3}$，$H_0=H+\alpha v_0^2/2g=1.52+1.05\times 1.2^2/19.62=1.60$m，采用 $\varepsilon=0.90$，$M=1.62$，代入式中算出 $b=2.95$m，采用 $b=3$，则单宽流量 $q=Q/b=2.9\text{m}^2/\text{s}$。

将已知数代入 106 页的公式计算

$$A=\frac{q^2}{2g(\varphi h_t)^2}=\frac{2.9^2}{19.62(0.9\times 1.86)^2}=0.153$$

由式 (3.4.1-7)

$$E=\frac{17.1256\varphi^2(P+H_0-A-h_t)}{q^{2/3}}$$

$$=\frac{17.1256\times 0.9^2\times (3.10+1.60-0.153-1.86)}{2.9^{2/3}}=18.35$$

用 E 值在图 3.4.3-4 画水平线②，得 $x=193.8$。

用 107 页第 5 行及第 1 行所设公式计算

$$h_{c0}=h_1=\sqrt[3]{\frac{B_1}{x}}=\sqrt[3]{\frac{1}{193.8}\times\frac{8\times 2.9^2}{9.81}}=0.328$$

代入式 (3.4.1-2) 计算消力池深度

$$d=-(3.10+1.60)+0.328+2.9^2/(2g\times 0.9^2\times 0.328^2)=0.548\approx 0.5\text{m}$$

3.4.2 消力坎淹没系数公式

消力坎计算中经常用消力坎淹没系数表(表 3.4.2-1)。为了便于绘成算图，先求出此表的函数式。

淹没系数表　　表 3.4.2-1

$(h_t-c)/H_0$	1	0.95	0.90	0.85	0.80	0.75	0.70	0.65	0.60	0.55	0.50	0.45
$x=1-(h_t-c)/H_0$	0	0.05	0.10	0.15	0.20	0.25	0.30	0.35	0.40	0.45	0.50	0.55
$y=\sigma$	0	0.535	0.710	0.800	0.865	0.908	0.940	0.960	0.975	0.985	0.995	1.000

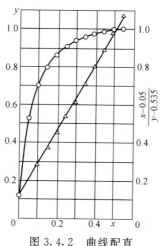

图 3.4.2 曲线配直

用表 3.4.2-1 的 x 和 y 值在图 3.4.2 绘成曲线，其形状适合用双曲线方程来配线[15]。

以 x 与 $(x-0.05)/(y-0.535)$ 为坐标作图，在图 3.4.2 呈直线关系。

设

$$\frac{x-0.05}{y-0.535}=a+bx$$

列出表 3.4.2-2，用最小二乘法求出 a 和 b：

$$n\Sigma xy_1=25.3208,\ n\Sigma x^2=12.6250$$
$$(\Sigma x)^2=10.5625,\ \Sigma x\cdot\Sigma xy_1=8.22926$$
$$\Sigma y_1\cdot\Sigma x^2=8.47769,\ \Sigma x\cdot\Sigma y_1=21.82375$$

最后求得

最小二乘法计算表 表3.4.2-2

x	y	$x-0.05$	$y-0.535$	$y_1=\dfrac{x-0.05}{y-0.535}$	xy_1	x^2	$y_{计}$	相对误差%	平均相对误差%
0.10	0.710	0.05	0.175	0.2857	0.02857	0.0100	0.707	−0.42	
0.15	0.800	0.10	0.265	0.3774	0.05661	0.0225	0.802	0.25	
0.20	0.865	0.15	0.330	0.4545	0.09090	0.0400	0.861	−0.46	
0.25	0.908	0.20	0.373	0.5362	0.12496	0.0625	0.902	−0.66	
0.30	0.940	0.25	0.405	0.6173	0.18519	0.0900	0.932	−0.85	
0.35	0.960	0.30	0.425	0.7059	0.24707	0.1225	0.955	−0.52	0.517
0.40	0.975	0.35	0.440	0.7995	0.31820	0.1600	0.973	−0.21	
0.45	0.985	0.40	0.450	0.8889	0.40001	0.2025	0.988	0.30	
0.50	0.995	0.45	0.460	0.9783	0.48915	0.2500	1.000	0.50	
0.55	1.000	0.50	0.465	1.0753	0.59142	0.3025	1.010	1.00	
Σ3.25				6.7150	2.53208	1.2625			

$$a=\frac{8.22926-8.47769}{10.5625-12.6250}=0.12045$$

$$b=\frac{21.82375-25.32080}{10.5625-12.6250}=1.69554$$

于是经验配线公式为

$$\frac{x-0.05}{y-0.535}=0.12045+1.69554x$$

即

$$y_{计}=\frac{x-0.05}{0.12045+1.69554x}+0.535$$

得到表3.4.2-1的显函数式

$$\sigma=\frac{1-\dfrac{h_t-c}{H_{10}}-0.05}{0.12045+1.69554\left(1-\dfrac{h_t-c}{H_{10}}\right)}+0.535 \tag{3.4.2-1}$$

上式的常数未合并，以便下节使用。

3.4.3 消力坎高度图算法

消力坎又称消力墙，也是一种常用的消能设施（图3.4.3-1）。往常要试算坎高 c，下面介绍免去试算的图算法。

在坎高未定时，不知道过坎水流属自由溢流或淹没溢流，所以一般先按自由溢流计算，然后以下游水深 h_t 校核。当 $(h_t-c)/H_{10}>0.45$ 时，为淹没溢流。

已知

$$c=\sigma_j h_{c02}+\frac{q^2}{2g(\sigma_j h_{c02})^2}-H_{10} \tag{3.4.3-1}$$

$$q=m'\sigma\sqrt{2g}H_{10}^{3/2} \tag{3.4.3-2}$$

（1）设已知值

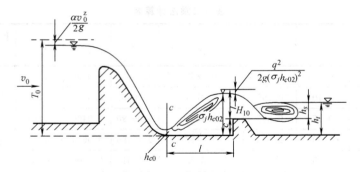

图 3.4.3-1 消力坎

$$A = \sigma_j h_{c02} + q^2/2g(\sigma_j h_{c02})^2 \quad (3.4.3-3)$$

代入式 (3.4.3-1) 得
$$A = H_{10} + c \quad (3.4.3-4)$$

为简化式 (3.4.2-1) 而设
$$D = 1 - \frac{h_t - c}{H_{10}} = \frac{A - h_t}{H_{10}} \quad (3.4.3-5)$$

(2) 设已知值
$$B = \frac{q}{m'\sqrt{2g}}$$

代入式 (3.4.3-2) 得
$$B = \sigma H_{10}^{3/2} \quad (3.4.3-6)$$

(3) 将式 (3.4.2-1) 代入 (3.4.3-6):
$$B = \left[\frac{1 - \dfrac{h_t - c}{H_{10}} - 0.05}{0.12045 + 1.69554\left(1 - \dfrac{h_t - c}{H_{10}}\right)} + 0.535 \right] H_{10}^{3/2}$$

再将式 (3.4.3-5) 代入上式，得到图 3.4.3-4 的公式：

设
$$E = \frac{B}{(A - h_t)^{3/2}} = \frac{1}{D^{3/2}} \left(\frac{D - 0.05}{0.12045 + 1.69554 D} + 0.535 \right) \quad (3.4.3-7)$$

【例 3.4.3-1】 按照例 3.4.1-1 中所给的溢流坝，如下游采用消力坎消能，试进行消力坎的水力计算（消力坎的流量系数 $m' = 0.40$）。（文献 [25] 63 页）

【解】 (1) 计算消力坎高度 c

已知 $q = 11.3 \text{m}^2/\text{s}$，$h_{c02} = 5.44\text{m}$，代入式 (3.4.3-3) 计算
$$A = 1.05 \times 5.44 + 11.3^2/2g(1.05 \times 5.44)^2 = 5.712 + 0.199 = 5.911$$
$$B = q/m'\sqrt{2g} = 11.3/(0.4 \times 4.43) = 6.377$$

代入式 (3.4.3-7) 计算
$$E = \frac{B}{(A - h_t)^{3/2}} = \frac{6.377}{(5.911 - 4)^{1.5}} = 2.414$$

在图 3.4.3-4 用 E 值画点①，得 $D = 0.559$

用式 (3.4.3-5) 计算
$$H_{10} = \frac{A - h_t}{D} = \frac{5.911 - 4}{0.559} = 3.419$$

用式（3.4.3-4）计算坎高
$$c = A - H_{10} = 5.911 - 3.419 = 2.49\text{m}，采用 c = 2.5\text{m}。$$

(2) 计算消力池长度

消力池长度 $l = l_0 + 0.8 l_j$，曲线型实用堰 $l_0 = 0$，$l_j = 6.9(h_2 - h_1)$

由 $h_c/T_0 = 2.35/13 = 0.1808$ 及 $\varphi = 0.95$，在图 3.3.3-2 画水平线③，

得 $h_1/h_c = 0.3262$，$h_2/h_1 = 7.1$，∴ $h_1 = h_{c0} = 0.3262 \times 2.35 = 0.77\text{m}$

$$h_2 = 7.1 h_1 = 7.1 \times 0.3262 \times 2.35 = 5.44\text{m}$$

则 $l_j = 6.9(5.44 - 0.77) = 32.22\text{m}$，池长 $l = 0.8 \times 32.22 = 25.78\text{m}$

【例 3.4.3-2】 某隧洞出口接扩散段，下接矩形消能池，如图 3.4.3-2。已知护坦面上总水头 $T_0 = 11.6\text{m}$，下游水深 $h_t = 3.5\text{m}$，护坦段单宽流量 $q = 8.3\text{m}^2/\text{s}$，出口至消能池的流速系数 $\varphi = 0.95$。(1) 判别下游水流衔接形式，要否设置消能设备？(2) 如设置消力坎，求坎高和池长。（文献 [13] 214 页）

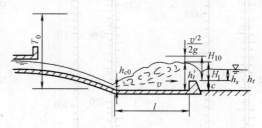

图 3.4.3-2 消能池

【解】 (1) 判别衔接形式

临界水深 $h_c = \sqrt[3]{\dfrac{q^2}{g}} = \sqrt[3]{\dfrac{8.3^2}{9.8}} = 1.92\text{m}$，$\dfrac{h_c}{T_0} = \dfrac{1.92}{11.6} = 0.1655$，用 h_c/T_0 及 φ 值，在图 3.3.3-2 画水平线⑤，得 $h_1/h_c = 0.3105$，$h_2/h_1 = 7.69$，得 $h_{c0} = h_1 = 0.3105 \times 1.92 = 0.596\text{m}$，$h_{c02} = h_2 = 7.69 \times 0.596 = 4.58\text{m} > h_t$，将发生远离水跃，故需设置消力坎。

(2) 求坎高 c

先按坝顶不淹没考虑。坎前水深 $h_t' = \sigma h_{c02} = 1.05 \times 4.58 = 4.81\text{m}$

相应平均流速 $v' = q/h_t' = 8.3/4.81 = 1.73\text{m/s}$，

坎前流速水头 $v'^2/2g = 1.73^2/19.6 = 0.15\text{m}$

$$H_{10} = \left(\dfrac{q}{m'\sqrt{2g}}\right)^{2/3} = \left(\dfrac{8.3}{0.42 \times 4.43}\right)^{2/3} = 2.71\text{m}，$$

$$H_1 = H_{10} - \dfrac{v'^2}{2g} = 2.71 - 0.15 = 2.56\text{m}$$

坎高 $c_0 = h_t' - H_1 = 4.81 - 2.56 = 2.25\text{m}$。

校核淹没情况：$h_s = h_t - c_0 = 3.5 - 2.25 = 1.25\text{m}$，$h_s/H_{10} = 1.25/2.71 = 0.461 > 0.45$，故知是淹没溢流，应考虑淹没系数 σ_j 的影响。以下按淹没情况求坎高。

$$A = \sigma_j h_{c02} + q^2/2g(\sigma_j h_{c02})^2 = 1.05 \times 4.58 + 8.3^2/19.6(1.05 \times 4.58)^2 = 4.961$$

$$A - h_t = 4.961 - 3.50 = 1.461，\quad B = \dfrac{q}{m'\sqrt{2g}} = \dfrac{8.3}{0.42 \times 4.43} = 4.46$$

$$E = \dfrac{B}{(A - h_t)^{3/2}} = \dfrac{4.46}{1.461^{3/2}} = 2.526，在图 3.4.3-4 画点②，得 D = 0.5412，$$

则 $H_{10} = (A - h_t)/D = 1.461/0.5412 = 2.700$，坎高 $c = 4.961 - 2.700 = 2.26\text{m}$

(3) 求池长 l

水跃长度 $l_j = 6.1 h_{c02} = 6.1 \times 4.58 = 27.94\text{m}$，$l = 0.75 l_j = 20.95\text{m}$，取池长为 21m。

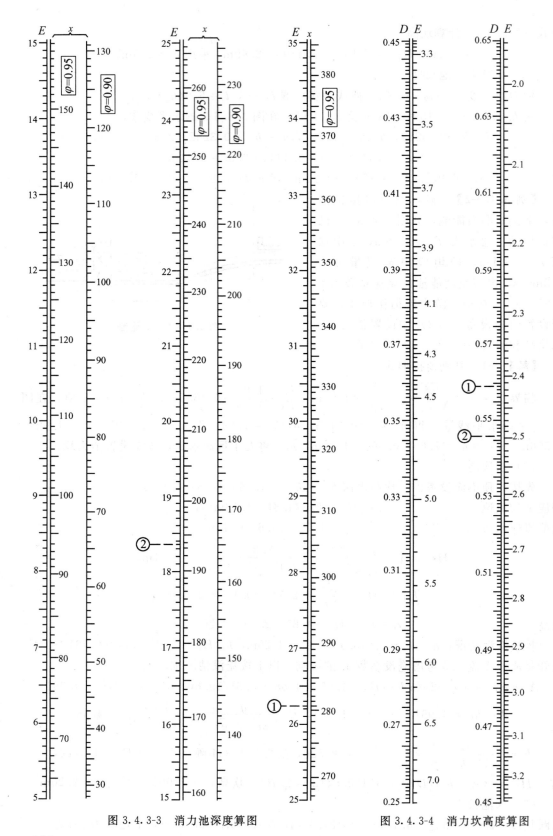

图 3.4.3-3 消力池深度算图　　图 3.4.3-4 消力坎高度算图

3.5 渗 流

3.5.1 地下水缓变渗流正常水深图算法

地下水无压缓变渗流问题计算中，底坡 $i>0$ 时，求相应的均匀流正常水深 h_0 的方法，往常用试算法，本节图算法能免去试算。

由 $i>0$ 时的浸润线方程

$$l = \frac{h_0}{i}\left(\eta_2 - \eta_1 + 2.3\lg\frac{\eta_2-1}{\eta_1-1}\right)$$

及

$$\eta_1 = h_1/h_0, \quad \eta_2 = h_2/h_0$$

得

$$il = h_2 - h_1 + 2.3h_0\lg\frac{h_2-h_0}{h_1-h_0} \tag{3.5.1-1}$$

设已知值

$$A = \frac{il - h_2 + h_1}{2.3}$$

代入式（3.5.1-1）得

$$A = h_0 \lg\frac{h_2-h_0}{h_1-h_0}$$

设

$$B = A/h_0$$

代入上式得 $10^B\left(h_1 - \dfrac{A}{B}\right) = h_2 - \dfrac{A}{B}$，即 $h_2 = h_1 10^B - \dfrac{A}{B}(10^B - 1)$

$$\frac{h_2}{h_1} = 10^B - \frac{A}{h_1}\left(\frac{10^B-1}{B}\right) \tag{3.5.1-2}$$

设已知值

$$C = h_2/h_1 \tag{3.5.1-3}$$

$$D = \frac{A}{h_1} = \frac{il - h_2 + h_1}{2.3 h_1} \tag{3.5.1-4}$$

代入式（3.5.1-2）得

$$C = -D\left(\frac{10^B-1}{B}\right) + 10^B \tag{3.5.1-5}$$

符合式（附 1-3）的形式：

$$F(t) = F(v)F_1(u) + F_2(u)$$

所以式（3.5.1-5）能作成图 3.5.1-3。

【例 3.5.1-1】 某渠道与河道平行，中间为透水土层，如图 3.5.1-1 所示，已知不透水层底坡 $i=0.025$，土层的渗透系数 $k=0.002$cm/s，河道与渠道之间距离 $l=300$m，上端入渗水深 $h_1=2.0$m，下端出渗水深 $h_2=4.0$m。试求单宽渗流量 q。（文献 [25] 93 页）

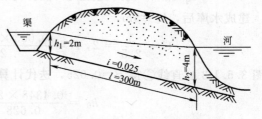

图 3.5.1-1 沟渠与河道位置

【解】 将已知数代入式（3.5.1-3）和式（3.5.1-4）计算

$$C = \frac{h_2}{h_1} = \frac{4}{2} = 2$$

$$D = \frac{0.025 \times 300 - 4 + 2}{2.3 \times 2} = 1.196$$

在图 3.5.1-3 画直线①，得 $B=1.27$，用迭代法提高精度：由式 (3.5.1-5) 得

$$B = \frac{D(10^B - 1)}{10^B - C}, \quad B_1 = \frac{1.196(10^{1.27} - 1)}{10^{1.27} - 2} = 1.2680$$

$$B_2 = \frac{1.196(10^{1.268} - 1)}{10^{1.268} - 2} = 1.2683, \quad B_3 = \frac{1.196(10^{1.2683} - 1)}{10^{1.2683} - 2} = 1.2683$$

$$\therefore \quad B = 1.2683, \quad h_0 = \frac{A}{B} = \frac{Dh_1}{B} = \frac{1.196 \times 2}{1.2683} = 1.89\text{m}$$

单宽渗流量 $\quad q = kh_0 i = 0.002\text{cm/s} \times 189\text{cm} \times 0.025 = 9.45 \times 10^{-3} \text{cm}^2/\text{s}$

【例 3.5.1-2】 某一河槽断面如图 3.5.1-2。左岸含水层中有地下水渗入河槽。河槽水深 1.0m，在距河道 1000m 处的地下水深度为 2.5m。当在此河道下游修建水库后，河槽水位抬高 4m。如离左岸 1000m 处的地下水位不变，试求修建水库前后的单宽渗流量，修建水库后单位长度上渗流量减少若干？含水层渗透系数 $k=0.002$cm/s。（参文献 [13] 461 页）

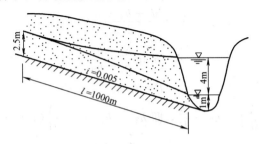

图 3.5.1-2 河槽断面

【解】 未建水库时

$$C = h_2/h_1 = 1/2.5 = 0.4$$

$$D = \frac{0.005 \times 1000 - 1 + 2.5}{2.3 \times 2.5} = 1.130$$

在图 3.5.1-3 画直线②得 $B=1.065$，仿照上例迭代计算得 $B=1.0703$，则

$$h_0 = \frac{Dh_1}{B} = \frac{1.13 \times 2.5}{1.0703} = 2.637\text{m}$$

建水库前的单宽渗流量为

$$q = kh_0 i = 0.002\text{cm/s} \times 263.7\text{cm} \times 0.005 = 2.637 \times 10^{-3} \text{cm}^2/\text{s}$$

建成水库后，$h_2 = 5\text{m}$，

$$C = \frac{5}{2.5} = 2, \quad D = \frac{0.005 \times 1000 - 5 + 2.5}{2.3 \times 2.5} = 0.4348$$

在图 3.5.1-3 画直线③得 $B=0.625$，迭代计算得 $B=0.628$，则

$$h_0 = \frac{0.4348 \times 2.5}{0.628} = 1.731\text{m}$$

建水库后的单宽渗流量为

$$q = kh_0 i = 0.002\text{cm/s} \times 173.1\text{cm} \times 0.005 = 1.731 \times 10^{-3} \text{cm}^2/\text{s}$$

故建库后壅水的渗流量较原有的渗流量减少了

$$(2.637 - 1.731) \times 0.00002 \times 0.005 \times 86400 = 7.83 \times 10^{-3} \text{m}^2/\text{d}$$

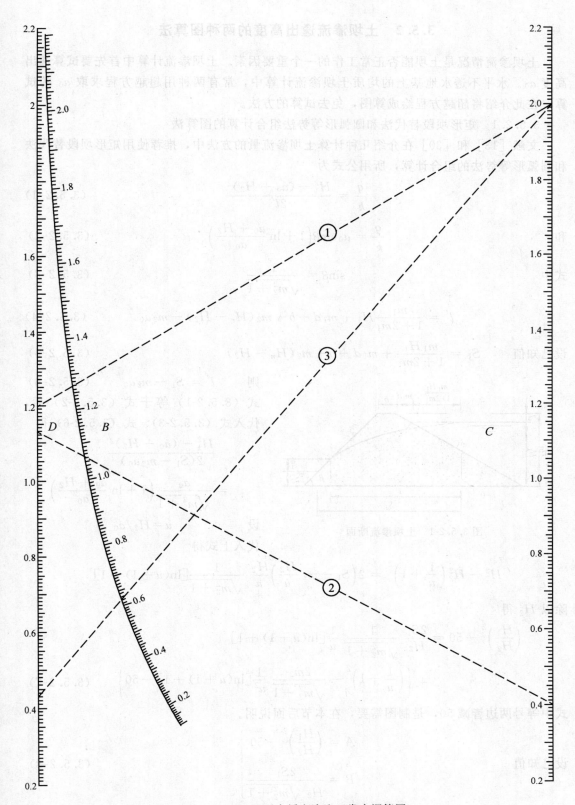

图 3.5.1-3 地下水缓变渗流正常水深算图

3.5.2 土坝渗流逸出高度的两种图算法

土坝渗流情况是土坝能否正常工作的一个重要因素。土坝渗流计算中首先要试算逸出高度 a_0。水平不透水地基上的均质土坝渗流计算中，常有两种用超越方程求取 a_0 的试算，在此介绍将超越方程绘成算图，免去试算的方法。

3.5.2.1 矩形坝段替代法和圆弧形等势法组合计算的图算法

文献 [13] 和 [30] 在介绍几种计算土坝渗流量的方法中，推荐使用矩形坝段替代法和圆弧形等势法的组合计算，所用公式为

$$\frac{q}{k} = \frac{H_1^2 - (a_0 + H_2)^2}{2l'} \tag{3.5.2-1}$$

和

$$\frac{q}{k} = a_0 \sin\beta \left(1 + \ln\frac{a_0 + H_2}{a_0}\right) \tag{3.5.2-2}$$

式中

$$\sin\beta = \frac{1}{\sqrt{m_2^2 + 1}} \tag{3.5.2-3}$$

$$l' = \frac{m_1}{1 + 2m_1} H_1 + m_1 d + b + m_2(H_n - H_2) - m_2 a_0 \tag{3.5.2-4}$$

设已知值

$$S_1 = \frac{m_1 H_1}{1 + 2m_1} + m_1 d + b + m_2(H_n - H_2) \tag{3.5.2-5}$$

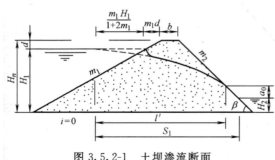

图 3.5.2-1 土坝渗流断面

则

$$l' = S_1 - m_2 a_0 \tag{3.5.2-6}$$

式 (3.5.2-1) 等于式 (3.5.2-2) 后，代入式 (3.5.2-3)、式 (3.5.2-6) 得

$$\frac{H_1^2 - (a_0 + H_2)^2}{2(S_1 - m_2 a_0)} = \frac{a_0}{\sqrt{m_2^2 + 1}} \left(1 + \ln\frac{a_0 + H_2}{a_0}\right)$$

设 $u = H_2/a_0$

代入上式得

$$H_1^2 - H_2^2 \left(\frac{1}{u} + 1\right)^2 = 2\left(S_1 - m_2 \frac{H_2}{u}\right) \frac{H_2}{u} \frac{1}{\sqrt{m_2^2 + 1}} [\ln(u+1) + 1]$$

除以 H_2^2 得

$$\left(\frac{H_1}{H_2}\right)^2 - 50 = \frac{2S_1}{H_2} \frac{1}{\sqrt{m_2^2 + 1}} \frac{1}{u}[\ln(u+1) + 1]$$

$$+ \left\{\left(\frac{1}{u} + 1\right)^2 - \frac{2m_2}{\sqrt{m_2^2 + 1}} \frac{1}{u^2}[\ln(u+1) + 1] - 50\right\} \tag{3.5.2-7}$$

式中等号两边皆减 50，是制图需要，在本节后面说明。

设已知值

$$\left. \begin{array}{l} A = \left(\dfrac{H_1}{H_2}\right)^2 - 50 \\[2mm] B = \dfrac{2S_1}{H_2 \sqrt{m_2^2 + 1}} \end{array} \right\} \tag{3.5.2-8}$$

将式 (3.5.2-8) 代入 (3.5.2-7)，符合可图公式 (附 1-5) 的形式：

$$A = B\frac{1}{u}[\ln(u+1)+1] + \left\{\left(\frac{1}{u}+1\right)^2 - \frac{2m_2}{\sqrt{m_2^2+1}}\frac{1}{u^2}[\ln(u+1)+1] - 50\right\} \quad (3.5.2-9)$$

$$\underbrace{\qquad\qquad}_{F(t)=F(v)\cdot F_1(u)} + \underbrace{\qquad\qquad\qquad\qquad\qquad\qquad\qquad}_{F_2(u,m_2)}$$

所以式（3.5.2-9）能作成图 3.5.2-2。F_1 中不含自变量 m_2，所以图 3.5.2-2 的 u 图尺是平行线。

【例 3.5.2-1】 某均质土坝顶高程为 20m，坝基面高程为 0m，坝顶宽 $b=7$m，上游坝坡坡率 $m_1=2.5$，下游坝坡坡率 $m_2=2$，上游水位高程为 18m，下游水位高程为 3m，试求逸出高度 a_0。（参文献 [30] 179 页）

【解】 将已知数代入式（3.5.2-5）、（3.5.2-8）计算

$$S_1 = \frac{2.5\times18}{1+2\times2.5} + 2.5\times2 + 7 + 2(20-3) = 53.5$$

$$A = \left(\frac{18}{3}\right)^2 - 50 = -14, \quad B = \frac{2\times53.5}{3\sqrt{2^2+1}} = 15.9506$$

用 A 和 B 值在图 3.5.2-2 画直线①，交曲线 $m_2=2$ 得 $u=0.675$，
则
$$a_0 = H_2/u = 3/0.675 = 4.44\text{m}$$

【例 3.5.2-2】 有一地基为水平不透水层的均质土坝，如图 3.5.2-1 所示。坝高 $H_n=17$m，上游水深 $H_1=15$m，下游水深 $H_2=4$m，上游边坡系数 $m_1=3$，下游边坡系数 $m_2=2$，坝顶宽度 $b=12$m。求下游坝面逸出高度 a_0。（参文献 [13] 476 页）

【解】 将已知数代入式（3.5.2-5）、（3.5.2-8）计算

$$S_1 = \frac{3\times15}{1+2\times3} + 3\times2 + 12 + 2(17-4) = 50.4286$$

$$A = \left(\frac{15}{4}\right)^2 - 50 = -35.9375, \quad B = \frac{2\times50.4286}{4\sqrt{2^2+1}} = 11.2762$$

用 A 和 B 在图 3.5.2-2 画直线②，交曲线 $m_2=2$ 得 $u=1.7\sim1.8$。在图 3.5.2-3，用 A 值和 $B_1=7.79$cm❶画直线③，得 $u=1.79$，则 $a_0=H_2/u=4/1.79=2.23$m。

3.5.2.2 土坝渗流简化公式的图算法

文献 [24] 及文献 [16] 提出采用较为简便的两段法计算，代替土坝渗流三段法的基本思路，即用 $1/m_2$ 代替式（3.5.2-2）中的 $\sin\beta$，得

$$\frac{q}{k} = \frac{a_0}{m_2}\left(1+\ln\frac{a_0+H_2}{a_0}\right) \quad (3.5.2-10)$$

将式（3.5.2-1）与（3.5.2-10）联立，仿照 3.5.2.1 的推导方法，得到

---

❶ B_1 值的来源如下：
在图 3.5.2-3 不能画出 $B=11.2762$ 这一点，由图 3.5.2-4 所知，该点在 B 尺向下的延长线上，与 $B=15$ 点的距离为：$4(15-11.2762)=14.8952$cm，式中 4 为 B 图尺系数。
$A=-35.9375$ 点与 -30 点的距离为 $-2[-35.9375-(-30)]=11.8750$cm。于是由相似三角形列出式子：
$$\frac{B_1}{14.8952} = \frac{14-B_1}{11.8750} \quad 得 B_1 = 7.79\text{cm}$$

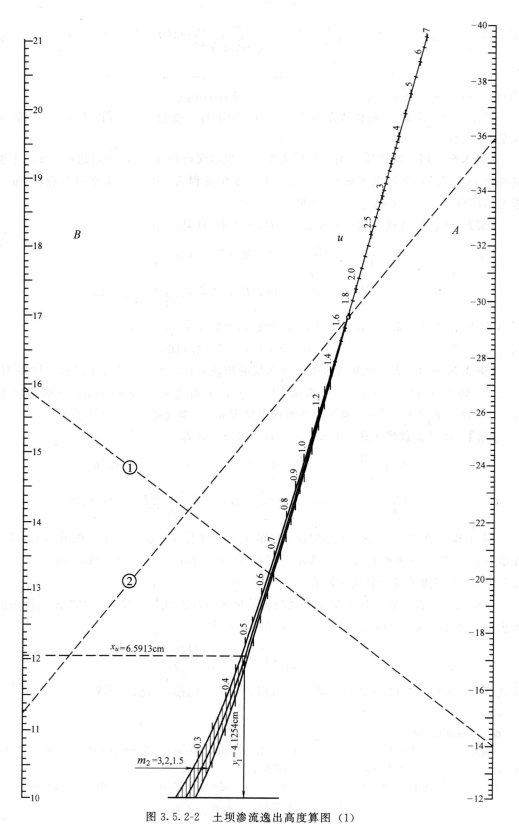

图 3.5.2-2 土坝渗流逸出高度算图 (1)

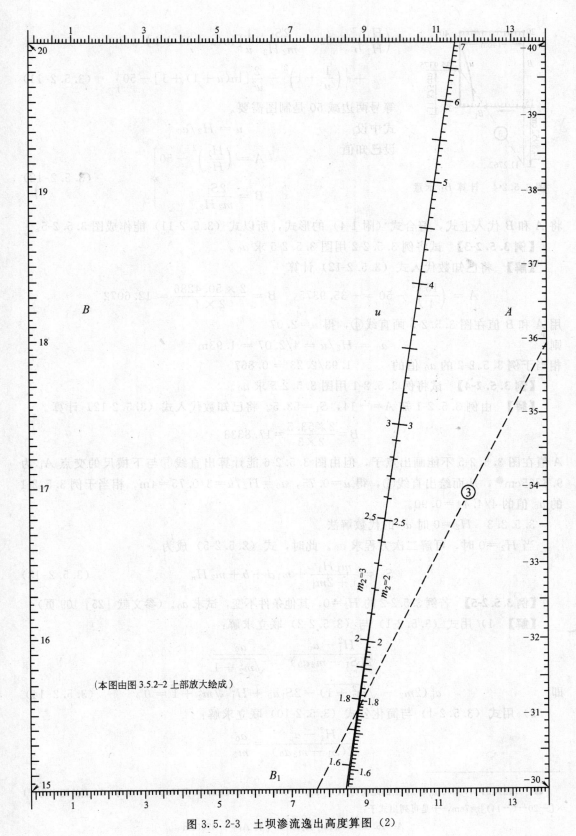

图 3.5.2-3 土坝渗流逸出高度算图（2）

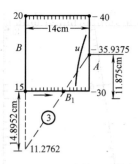

图 3.5.2-4 计算 B_1 示意

$$\left(\frac{H_1}{H_2}\right)^2 - 50 = \frac{2S_1}{m_2 H_2}\frac{1}{u}[\ln(u+1)+1]$$
$$+ \left\{\left(\frac{1}{u}+1\right)^2 - \frac{2}{u^2}[\ln(u+1)+1] - 50\right\} \quad (3.5.2\text{-}11)$$

等号两边减 50 是制图需要。

式中设 $\quad u = H_2/a_0$

设已知值
$$\left.\begin{array}{l} A = \left(\dfrac{H_1}{H_2}\right)^2 - 50 \\ B = \dfrac{2S_1}{m_2 H_2} \end{array}\right\} \quad (3.5.2\text{-}12)$$

将 A 和 B 代入上式，符合式（附 1-4）的形式，所以式（3.5.2-11）能作成图 3.5.2-5。

【例 3.5.2-3】 试将例 3.5.2-2 用图 3.5.2-5 求 a_0。

【解】 将已知数代入式（3.5.2-12）计算

$$A = \left(\frac{15}{4}\right)^2 - 50 = -35.9375, \quad B = \frac{2 \times 50.4286}{2 \times 4} = 12.6072$$

用 A 和 B 值在图 3.5.2-5 画直线④，得 $u = 2.07$

则 $\qquad a_0 = H_2/u = 4/2.07 = 1.93\text{m}$

相当于例 3.5.2-2 的 a_0 值的 $\qquad 1.93/2.23 = 0.867$

【例 3.5.2-4】 试将例 3.5.2-1 用图 3.5.2-5 求 a_0。

【解】 由例 3.5.2-1 知 $A = -14$，$S_1 = 53.5$。将已知数代入式（3.5.2-12）计算

$$B = \frac{2 \times 53.5}{2 \times 3} = 17.8333$$

A 值在图 3.5.2-5 不能画出点子，但由图 3.5.2-6 能计算出直线⑤与下横尺的交点 A_1 为 9.6765cm[1]，从而绘出直线⑤，得 $u = 0.75$，$a_0 = H_2/u = 3/0.75 = 4\text{m}$。相当于例 3.5.2-1 的 a_0 值的 $4/4.44 = 0.90$。

3.5.2.3 $H_2 = 0$ 时 a_0 的代数解法

当 $H_2 = 0$ 时，可解二次方程求 a_0。此时，式（2.5.2-5）成为

$$S_1 = \frac{m_1 H_1}{1 + 2m_1} + m_1 d + b + m_2 H_n \quad (3.5.2\text{-}13)$$

【例 3.5.2-5】 若例 3.5.2-2 的 $H_2 = 0$，其他条件不变，试求 a_0。（参文献 [25] 109 页）

【解】 1) 用式（3.5.2-1）与（3.5.2-2）联立求解：

$$\frac{H_1^2 - a_0^2}{2(S_1 - m_2 a_0)} = \frac{a_0}{\sqrt{m_2^2 + 1}}$$

即 $\qquad a_0^2(2m_2 - \sqrt{m_2^2+1}) - 2S_1 a_0 + H_1^2\sqrt{m_2^2+1} = 0 \quad (3.5.2\text{-}14)$

2) 用式（3.5.2-1）与简化公式（3.5.2-10）联立求解：

$$\frac{H_1^2 - a_0^2}{2(S_1 - m_2 a_0)} = \frac{a_0}{m_2}$$

---

[1] B 图尺的 17.8333 点与 10 点的距离为 $2(17.8333-10) = 15.6666\text{cm}$，$A$ 图尺的 -14 点与 -20 点的距离为 $-1 \times [-20-(-14)] = 7\text{cm}$，于是可列出式子：

$$A_1/15.6666 = (14-A_1)/7, \quad 得 A_1 = 9.6765\text{cm}$$

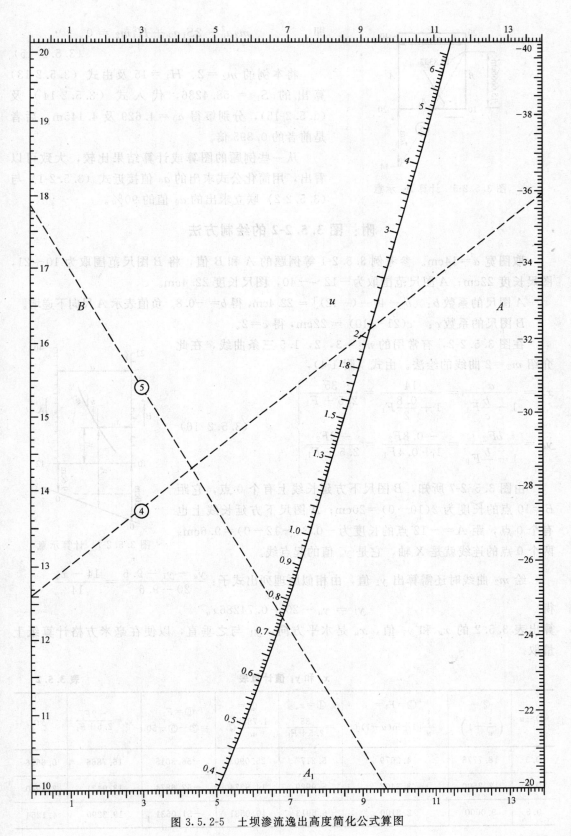

图 3.5.2-5 土坝渗流逸出高度简化公式算图

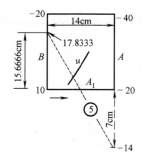

图 3.5.2-6 计算 A_1 示意

即
$$m_2 a_0^2 - 2S_1 a_0 + H_1^2 m_2 = 0 \quad (3.5.2\text{-}15)$$

将本例的 $m_2=2$、$H_1=15$ 及由式（3.5.2-13）算出的 $S_1=58.4286$，代入式（3.5.2-14）及（3.5.2-15），分别解得 $a_0=4.629$ 及 4.145m，后者是前者的 0.895 倍。

从一些例题的图算或计算结果比较，大致可以看出，用简化公式求出的 a_0 值接近式（3.5.2-1）与（3.5.2-2）联立求出的 a_0 值的 90%。

附：图 3.5.2-2 的绘制方法

取图宽 $a=14$cm。参考例 3.5.2-1 等例题的 A 和 B 值，将 B 图尺范围取为 $10\sim21$，图尺长度 22cm；A 图尺范围取为 $-12\sim-40$，图尺长度 22.4cm。

A 图尺的系数 b：$b[-40-(-12)]=22.4$cm，得 $b=-0.8$。负值表示 A 尺向下递增。

B 图尺的系数 c：$c(21-10)=22$cm，得 $c=2$。

在图 3.5.2-2，有常用的 $m_2=3$，2，1.5 三条曲线，在此介绍 $m_2=2$ 曲线的绘法。由式（附1-4），

$$\left.\begin{array}{l} x_u = \dfrac{a}{1-\dfrac{b}{c}F_1} = \dfrac{14}{1+\dfrac{0.8}{2}F_1} = \dfrac{35}{2.5+F_1} \\[2mm] y_u = \dfrac{bF_2}{1-\dfrac{b}{c}F_1} = \dfrac{-0.8F_2}{1+0.4F_1} = \dfrac{-2F_2}{2.5+F_1} \end{array}\right\} \quad (3.5.2\text{-}16)$$

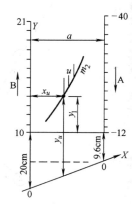

图 3.5.2-7 计算示意

由图 3.5.2-7 所知，B 图尺下方延长线上有个 0 点，它距 $B=10$ 点的长度为 $2(10-0)=20$cm；A 图尺下方延长线上也有个 0 点，距 $A=-12$ 点的长度为 $-0.8(-12-0)=9.6$cm。两个 0 点的连线就是 X 轴，它是 y_u 值的起点线。

绘 m_2 曲线时还需算出 y_1 值，由相似原理列出式子：$\dfrac{y_u - y_1 - 9.6}{20 - 9.6} = \dfrac{14 - x_u}{14}$

得
$$y_1 = y_u - 20 + 0.74286 x_u$$

算出表 3.5.2 的 x_u 和 y_1 值，x_u 是水平方向，y_1 与之垂直，以便在毫米方格计算纸上量取。

x_u 和 y_1 值计算表　　　　表 3.5.2

①=u	②=$\left(\dfrac{1}{u}+1\right)^2$	③=$F_1=\dfrac{1}{u}[1+\ln(u+1)]$	④=x_u $=\dfrac{35}{2.5+F_1}$	⑤=$\dfrac{1.7888}{u}$③	⑥=F_2 =②-⑤-50	$y_u=\dfrac{-2F_2}{2.5+F_1}$	y_1
0.3	18.7778	4.2079	5.2177	25.0903	-56.3015	16.7866	0.6626
0.4	12.2500	3.3402	5.9929	14.9374	-52.6874	18.0421	2.4940
0.5	9.0000	2.8100	6.5913	10.0531	-51.0531	19.2290	4.1254

续表

①$=u$	②$=\left(\dfrac{1}{u}+1\right)^2$	③$=F_1=\dfrac{1}{u}[1+\ln(u+1)]$	④$=x_u=\dfrac{35}{2.5+F_1}$	⑤$=\dfrac{1.7888}{u}$③	⑥$=F_2=$②$-$⑤-50	$y_u=\dfrac{-2F_2}{2.5+F_1}$	y_1
0.6	7.1111	2.4491	7.0720	7.3016	−50.1905	20.2827	5.5362
⋮	⋮	⋮	⋮	⋮	⋮	⋮	⋮
6	1.3611	0.4910	11.7018	0.1643	−48.8032	32.6334	21.3262
7	1.3061	0.4399	11.9052	0.1124	−48.8063	33.2027	22.0466

表中⑤的系数 $1.7888=2m_2/\sqrt{m_2^2+1}=2\times 2/\sqrt{2^2+1}$。同理，还可列表算出 $m_2=3$ 及 1.5 的 y_1 值，那时的 $2m_2/\sqrt{m_2^2+1}$ 值是 1.8974 及 1.6641，但 x_u 还同表 3.5.2 的④值。

举例将 $u=0.5$ 时的 x_u 和 y_1 值注在图 3.5.2-2 中。

为何式（3.5.2-7）等号两边减 50？因为 $(H_1/H_2)^2$ 值常在 10～40，减 50 后 A 为负值，制图系数 b 就为负值。在式（3.5.2-16）中，当 c 和 F_1 为正值时，b 为负值则使分母大于 1，x_u 小于 a，u 图尺就在平行图尺 A 和 B 之间了。

4 高次方程图算法

本章介绍的三次方程、四次方程及三项方程图算法，在图上画一两条直线能求出近似实根，接着可用迭代法或弦位法提高根的精度。

4.1 三次方程图算法

图 4.1 用以求三次方程 $x^3+ax^2+bx+c=0$ 之实根。用图时须知方程的下列性质：

1. 方程 $f(x)=0$ 之负根，就是 $f(-x)=0$ 之正根改成负号。本节之 $f(-x)=x^3-ax^2+bx-c=0$。
2. 方程 $x^n+ax^{n-1}+\cdots=0$ 各根之和与系数 a 的绝对值相等，符号相反。
3. 实系数三次方程，其三根皆为实数或一根为实数，两根为虚数。
4. 若已知方程 $x^3+ax^2+bx+c=0$ 之一根 x_1，解二次方程 (4.1-1) 可求出其余两根。

$$x^2-\left(\frac{b}{x_1}+\frac{c}{x_1^2}\right)x-\frac{c}{x_1}=0 \tag{4.1-1}$$

【例 4.1-1】 解 $33.2v_c^3-11986v_c+18326=0$（文献 [16] 70 页）

【解】 原式即 $\qquad v_c^3-361.024v_c+551.988=0$

设 $v_c=10x$ 代入 $\qquad (10x)^3-361.024(10x)+551.988=0$

除以 10^3 得 $\qquad x^3-3.61024x+0.551988=0$

以 $b=-3.61$，$c=0.552$ 在图 4.1 画直线①，交曲线 $a=0$ 得 $x_1=1.83$，$x_2=0.15$，x_2 不合题意。用 $v_{c0}=1.83\times10=18.3$ 迭代提高精度：

$$v_{c1}=\sqrt[3]{361.024\times18.3-551.988}=18.226$$

$$v_{c2}=\sqrt[3]{361.024\times18.226-551.988}=18.200$$

……

$v_{c6}=v_{c7}=18.184$，故取 $v_c=18.2 \text{m/s}$

【例 4.1-2】 解 $x^3-5x^2+6x-1=0$。（文献 [29] 2-243 页）

【解】 以 $b=6$，$c=-1$ 在图 4.1 画直线②，交曲线 $a=-5$ 得 $x_1=3.25$，$x_2=1.52$，$x_3=0.21$。用迭代法提高 x_1 的精度：

$$x_{1-1}=\sqrt[3]{5\times3.25^2-6\times3.25+1}=3.2495$$

……

$x_{1-5}=3.2483$，$x_{1-6}=3.2481$，故取 $x_1=3.248$

用式 (4.1-1) 解二次方程：

$$x^2-\left(\frac{6}{3.248}-\frac{1}{3.248^2}\right)x+\frac{1}{3.248}=0$$

得 $\qquad x_2=1.554$，$x_3=0.198$

用性质 2 验算 $\qquad 3.248+1.554+0.198=5=-a$

附：三次方程算图的绘制方法

将三次方程 $\quad\quad\quad x^3+ax^2+bx+c=0 \quad\quad\quad$ (4.1-2)

写成 $\quad\quad\quad c = b\cdot(-x)+(\underbrace{-x^3-ax^2})$

符合式（附1-5）的形式：$F(t)=F(v)F_1(u,w)+F_2(u,w)$

所以式（4.1-2）可作图，绘成图4.1，后经缩小。式中（$-x$）即 $F_1(x)$，是 $F_1(x, a)$ 的特例。

绘图时，取图宽 $a_1=24$cm，高 14cm。b 图尺与 y 轴重合，c 图尺平行于 b 图尺。

c 图尺方程：$x_c=24$，$y_c=b_1 c$，当 $c=7$ 时，$y_c=7$cm，所以系数 $b_1=1$。同理 b 图尺的系数 $c_1=1$。见图 4.1-1。

$x-a$ 网线图的制图方程依式（附1-6）为

$$x_{a,x}=\frac{a_1}{1-\frac{b_1}{c_1}F_1}=\frac{24}{1+x} \quad\quad (4.1\text{-}3)$$

$$y_{a,x}=\frac{b_1 F_2}{1-\frac{b_1}{c_1}F_1}=\frac{-x^3-ax^2}{1+x} \quad\quad (4.1\text{-}4)$$

由上式 $\quad a=\dfrac{-y_{a,x}(1+x)}{x^2}-x$，当 $y_{a,x}=\pm 7$cm 时，$a=\mp\dfrac{7(1+x)}{x^2}-x \quad\quad$ (4.1-5)

由式（4.1-3）及（4.1-5）算出表4.1。用 $x_{a,x}$ 值绘出平行的 x 图尺，见图4.1。

由式（4.1-4）知，当 x 取定值后，$y_{a,x}$ 与 a 呈线性关系，表明 x 图尺上的 a 刻点是均匀分度的。分度的方法，例如，$x=5$ 这条直线上下端点值为 -6.68 及 -3.32（表4.1），把此线斜放在有等距平行线的计算纸上移动，见图4.1-2，画出其他刻点，把相邻 x 直线上的同值 a 点连接起来，就成了 a 曲线，见图4.1-1。

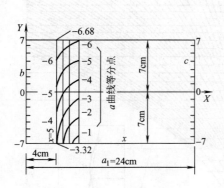

图 4.1-1 a 曲线绘法

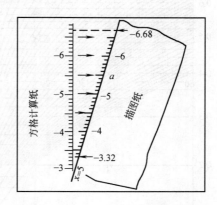

图 4.1-2 $x=5$ 时作 a 曲线等分点

$x_{a,x}$ 值计算表　　　　　　　　　　表 4.1

x	$1+x$	x^2	$7(1+x)/x^2$	$a=\mp 7(1+x)/x^2-x$	$x_{a,x}$
5	6	25	1.68	$-6.68, -3.32$	4
⋮	⋮	⋮	⋮	⋮	⋮
0.4	1.4	0.16	61.25	$-61.65, 60.85$	17.43

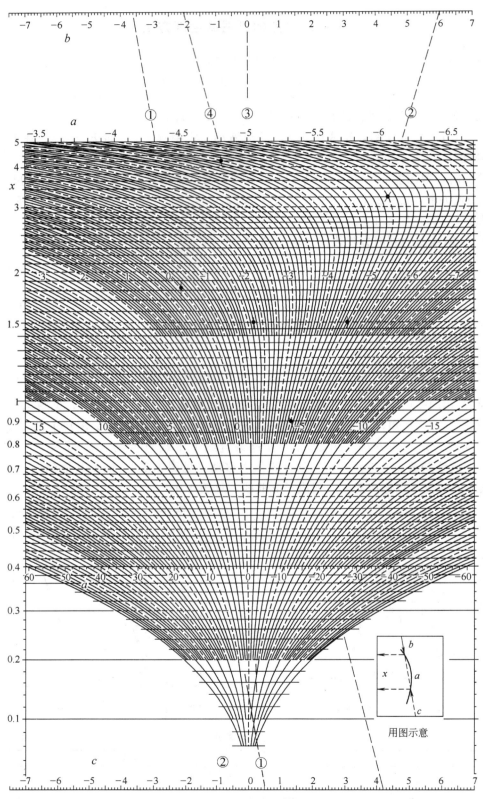

图 4.1 三次方程算图

4.2　四次方程图算法

图 4.2 用以求四次方程 $y^4+Ay^3+By^2+Cy+D=0$ (4.2-1)

之实根。用图须知：

1. 先将式 (4.2-1) 化成缺三次项的方程。

设 $$y=x-A/4 \tag{4.2-2}$$

代入式 (4.2-1) 得 $$x^4+ax^2+bx+c=0 \tag{4.2-3}$$

系数关系为
$$\left.\begin{array}{l}a=-3A^2/8+B\\ b=A^3/8-AB/2+C\\ c=-3(A/4)^4+(A/4)^2B-AC/4+D\end{array}\right\} \tag{4.2-4}$$

2. 求负根的方法，是求 $f(-x)=x^4+ax^2-bx+c=0$ 之正根再改成负号。

3. 实根数目有三种类型：

(1) 4 个实根，例如 $x^4-5x^2+4=0$ 的根为 ± 1 及 ± 2。

(2) 2 个实根，例如 $x^4+x^2+4x-3=0$ 的根为 $(-1\pm\sqrt{5})/2$ 及 $(1\pm i\sqrt{11})/2$。

(3) 0 个实根，例如 $x^4+1.75x^2+0.75=0$ 的根为 $\pm i$ 及 $\pm i\sqrt{3}/2$。

判别三种类型实根的通常方法，是用 b 和 c 值，及 $-b$ 和 c 值在图 4.2 画直线，与 a 曲线的交点数就是实根数。

【例 4.2-1】 解文献 [13] 298 页的四次方程

$-\dfrac{2}{\zeta}=3-\sqrt{9.8\,(2+1.5\zeta+0.25\zeta^2)}$，等号左边取负号是因为逆流。

【解】 上式即 $$\zeta^4+6\zeta^3+4.3265\zeta^2-4.8980\zeta-1.6327=0 \tag{4.2-5}$$

1) 化成缺三次项的方程。由式 (4.2-4) 算出新系数

$a=-\dfrac{3}{8}\times 6^2+4.3265=-9.1735,\ b=\dfrac{6^3}{8}-\dfrac{6}{2}\times 4.3265-4.8980=9.1225$

$c=-3\left(\dfrac{6}{4}\right)^4+\left(\dfrac{6}{4}\right)^2\times 4.3265+\dfrac{6}{4}\times 4.8980-1.6327=0.2614$

得到新方程 $X^4-9.1735X^2+9.1225X+0.2614=0$

2) 上式系数超过图 4.2 的范围，须缩小才能用图。设 $X=2x$ 代入，

$(2x)^4-9.1735(2x)^2+9.1225(2x)+0.2614=0$

除以 2^4，得 $$x^4-2.293x^2+1.140x+0.016=0 \tag{4.2-6}$$

以 $b=1.14$，$c=0.016$ 在图 4.2 画直线②，交曲线 $a=-2.293$ 得 $x_1=1.13$，$x_2=0.54$，x_2 不合题意。

3) 用弦位法提高精度。代 x_1 入式 (4.2-6)，

$f(1.13)=1.13^4-2.293\times 1.13^2+1.140\times 1.13+0.016=0.0068,f(1.12)=-0.0100$

代入式（附 2-1）计算

$x=1.12+(1.13-1.12)\div(1+0.0068\div 0.0100)=1.126$

得 $X=2x=2.252$，由式 (4.2-2) 得 $\zeta=2.252-6/4=0.752$

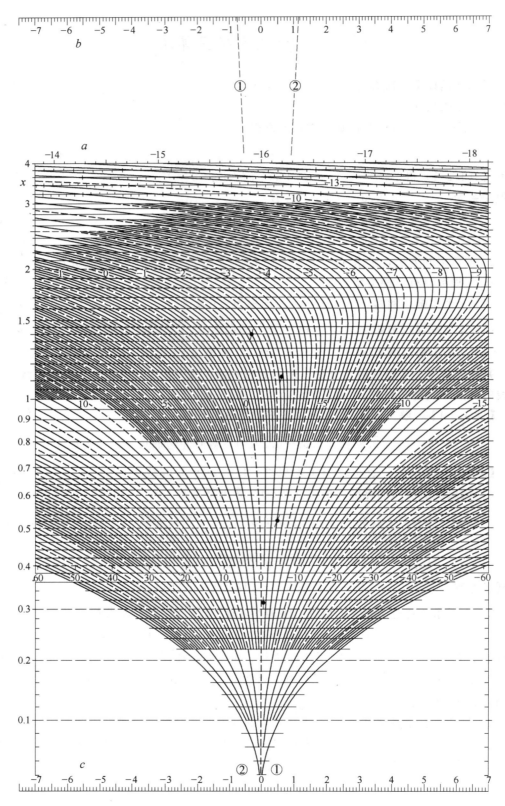

图 4.2 四次方程算图

4.3 三项方程图算法

在只有三项的方程 $X^m + aX^n + b = 0$ 中，已知 m，n，a 和 b 值时，可以用图 4.3-1 或图 4.3-2 求出 X^n，然后算出 X。式中 $m > n$。

【例 4.3.1】 群论的创立者、法国数学家伽罗华曾经指出方程 $x^5 - 4x - 2 = 0$ 没有代数解。在此试用图算法求出近似实根。

【解】 以 $a = -4$，$b = -2$ 在图 4.3-2 画直线③，交曲线 $m/n = 1/5 = 5$，得 $x^n = x = 1.52$。用计算器迭代计算提高精度：

$$x_1 = \frac{x^5 - 2}{4} = \frac{1.52^5 - 2}{4} = 1.5284, \quad x_2 = \frac{1.5284^5 - 2}{4} = 1.5851, \quad x_3 = \frac{1.5851^5 - 2}{4} = 2.0016,$$

迭代出现发散，改用反函数迭代一定收敛[10]：

$$x_1 = (4x+2)^{1/5} = (4 \times 1.52 + 2)^{1/5} = 1.5187, \quad x_2 = (4 \times 1.5187 + 2)^{1/5} = 1.5185, \quad x_3 = 1.5185,$$

得 $x = 1.5185$。其他例题见 3.1.4 节及 4.5 节。

附：三项方程算图的绘制方法

在三项方程 $X^m + aX^n + b = 0$ 中，设 $K = x^n$，则 $x^m = x^{n \cdot \frac{m}{n}} = K^{\frac{m}{n}}$，代入方程得

$$b = a \cdot (-K) - K^{m/n}$$

符合式（附 1-5）的形式：

$$F(t) = F(v) F_1(u,w) + F_2(u,w) \tag{4.3-1}$$

所以三项方程可作图，绘成图 4.3-2，其上部放大绘成图 4.3-3。$F_1(u, w)$ 中只有 K 这个自变量，故 x^n 是直线。m/n 相当于 $F_2(u, w)$ 中的 w，K 相当于 u。

绘图 4.3-2 时，取图宽 $a_1 = 14$cm，高 20cm。b 图尺的系数为 b_1，$b_1[0-(-10)] = 20$cm，得 $b_1 = 2$，同理 a 图尺的系数 $c_1 = 2$。

$x^n - m/n$ 网线图坐标公式依式（附 1-6）为

$$x = \frac{a_1}{1 - \frac{b_1}{c_1} F_1} = \frac{14}{1 + K} \tag{4.3-2}$$

$$y = \frac{b_1 F_2}{1 - \frac{b_1}{c_1} F_1} = \frac{-2K^{m/n}}{1 + K} \tag{4.3-3}$$

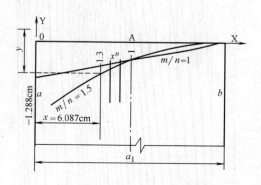

图 4.3-1 三项方程算图绘法示意

x 坐标用式（4.3-2）计算，列表 4.3-1。绘 m/n 曲线都列表计算 y，如 $m/n = 1.5$ 时，列表 4.3-2。将式（4.3-2）的 K 函数式代入（4.3-3），$m/n = 1$ 时为直线，方程为 $y = x/7 - 2$。

x 值计算表					表 4.3-1
K	1	1.1	1.2	1.3	⋯	25
x	7	6.667	6.364	6.087	⋯	0.538

y 值计算表					表 4.3-2
K	1	1.1	1.2	1.3	⋯	25
x	−1	−1.099	−1.195	−1.288	⋯	−9.615

图 4.3-2 及图 4.3-3 上下两边的 A 和 B 尺,可以扩大 a 和 b 尺使用范围,见例 4.4-1。

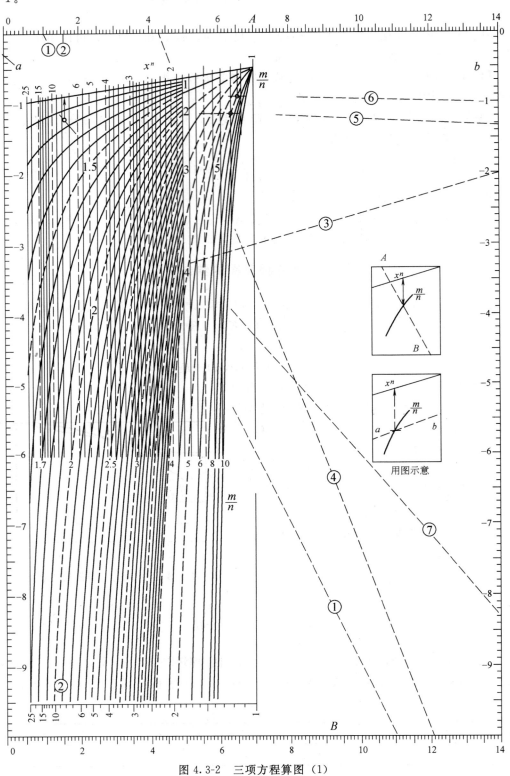

图 4.3-2 三项方程算图（1）

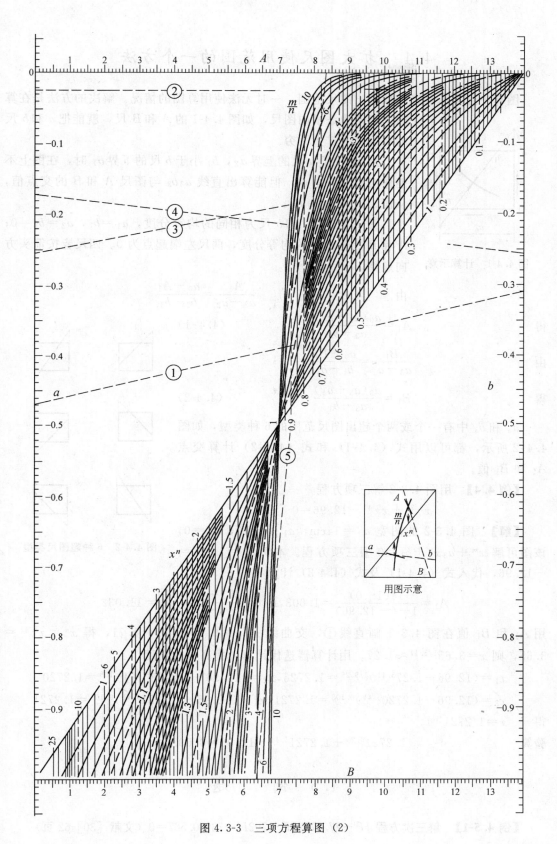

图 4.3-3 三项方程算图 (2)

4.4 扩大图尺使用范围的一个方法

图算中经常出现已知数超出图尺范围,一时无法使用算图的情况。解决的方法是在算图上下两边添横向图尺,如图 4.4-1 的 A 和 B 尺,就能把 a 和 b 尺的取值范围扩大无穷。

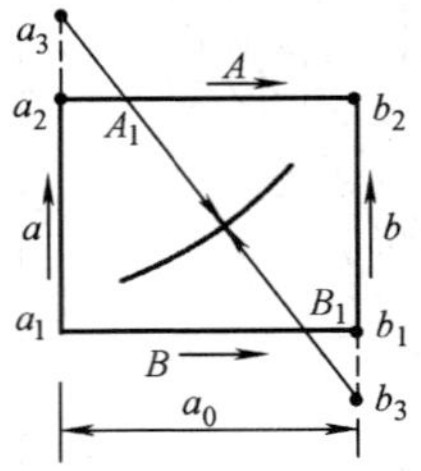

当 a_3 大于 a 尺的上界 a_2,b_3 小于 b 尺的下界 b_1 时,在图上不能作出 a_3 和 b_3 点,但能算出直线 a_3b_3 与图尺 A 和 B 的交点值,从而绘出线段 A_1B_1。

图 4.4-1 的 a 和 b 尺为相同的均等分度,$a_1=b_1$,$a_2=b_2=0$;A 和 B 尺为相同的均等分度,两尺左端起点为 0。四尺皆按箭头方向递增。

图 4.4-1 计算示意

由
$$\frac{A_1}{a_3-a_2}=\frac{a_0-A_1}{b_2-b_3}$$

得
$$A_1=\frac{a_0(a_3-a_2)}{a_3-b_3} \qquad (4.4\text{-}1)$$

由
$$\frac{B_1}{a_3-a_1}=\frac{a_0-B_1}{b_1-b_3}$$

得
$$B_1=\frac{a_0(a_3-a_1)}{a_3-b_3} \qquad (4.4\text{-}2)$$

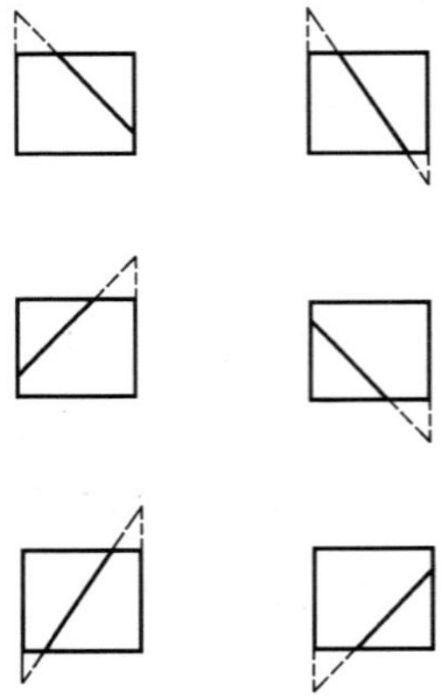

a_3 和 b_3 中有一个或两个超出图尺范围的 6 种类型,如图 4.4-2 所示,都可以用式(4.4-1)和式(4.4-2)计算交点 A_1 和 B_1 值。

图 4.4-2 6 种超图尺类型

【例 4.4】 用图 4.3-2 解三项方程
$$x^{9.26}+x^{5.41}-12.96=0$$

【解】 图 4.3-2 的图宽 $a_0=14\text{cm}$,$a_1=-10$,$a_2=0$,该图可解 $x^m+a_3x^n+b_3=0$ 型三项方程。本例 $a_3=1$,$b_3=-12.96$,代入式(4.4-1)及式(4.4-2)计算

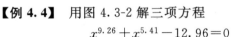

$$A_1=\frac{14(1-0)}{1-(-12.96)}=1.003,\ B_1=\frac{14[1-(-10)]}{1-(-12.96)}=11.032$$

用 A_1 和 B_1 值在图 4.3-1 画直线①,交曲线 $m/n=9.26/5.41=1.71$,得 $x^n=x^{5.41}=3.65$,则 $x=3.65^{1/5.41}\approx1.27$。用计算器迭代计算,提高根的精度:

$$x_1=(12.96-1.27^{5.41})^{1/9.26}=1.2726,\ x_2=(12.96-1.2726^{5.41})^{0.108}=1.2720$$
$$x_3=(12.96-1.2720^{5.41})^{0.108}=1.2721,\ x_4=(12.96-1.2721^{5.41})^{0.108}=1.2721$$

得 $x=1.2721$

验算 $\qquad 1.2721^{9.26}+1.2721^{5.41}-12.96=0.0035\approx0$

4.5 例 题

【例 4.5-1】 解三次方程 $H^3-77.5722H^2-792H+33680.567=0$ (文献 [30] 62 页)

【解】 设 $H=20x$ 代入上式，$(20x)^3-77.5722(20x)^2-792(20x)+33680.567=0$
除以 20^3 得 $\quad x^3-3.8768x^2-1.9800x+4.2100=0$
用 $b=-1.98$，$c=4.21$ 在图 4.1 画直线④，交曲线 $a=-3.88$，得 $x_1=0.9$，$x_2=4.1$，x_2 不合题意。
迭代计算 $\quad x_1=\sqrt[3]{3.8768\times0.9^2+1.98\times0.9-4.21}=0.8936$
$\quad x_2=\sqrt[3]{3.8768\times0.8936^2+1.98\times0.8936-4.21}=0.8691$
迭代出现发散，改用反函数迭代一定收敛[10]：
$$x_1=\sqrt{\frac{0.9^3-1.98\times0.9+4.21}{3.8768}}=0.9022$$
$$x_2=\sqrt{\frac{0.9022^3-1.98\times0.9022+4.21}{3.8768}}=0.9023, \quad x_3=0.9023$$
得 $\quad H=20\times0.9023=18.046\approx18.05\text{m}$。

【例 4.5-2】 解方程 $\dfrac{27+h}{45}=\left(\dfrac{h}{18}\times1.8463\right)^{1.1526}$ （参文献[30] 52 页）

【解】 上式即三项方程 $\quad h^{1.1526}-0.3067h-8.2802=0$
用 $a=-0.3067$，$b=-8.2802$，在图 4.3-2 画直线⑦，交曲线 $m/n=1.15$ 得一点，由此点画垂线交 x^n 图尺，得 $x^n=h=7.8$。迭代计算提高精度：
$h_1=\dfrac{7.8^{1.1526}-8.2802}{0.3067}=7.7971$，$h_2=\dfrac{7.7971^{1.1526}-8.2802}{0.3067}=7.7821$，$h_3=7.7053$
迭代出现发散，改用反函数迭代一定收敛[10]：
$$h=(0.3067\times7.8+8.2802)^{1/1.1526}=7.800$$

【例 4.5-3】 解四次方程 $\quad V^2=29-\dfrac{750V}{135.6-V^2}$ （文献[38] 331 页）

【解】 原方程即 $\quad V^4-164.6V^2-750V+3932.4=0$
设 $V=10x$，代入上式得 $\quad (10x)^4-164.6(10x)^2-750(10x)+3932.4=0$
除以 10^4 得 $\quad x^4-1.646x^2-0.75x+0.39324=0$
用 $b=-0.75$，$c=0.393$ 在图 4.2 画直线①，交曲线 $a=-1.646$ 得 $x_1=0.316$，$x_2=1.4$，x_2 不合题意。所以 $V=0.316\times10=3.16$。用弦位法提高精度，代入上式计算：
$$f(3.16)=3.16^4-164.6\times3.16^2-750\times3.16+3932.4=18.48$$
$f(3.18)=-14.84$，所以 V 介于 3.16 与 3.18 之间。用式（附2-1）计算：
$$V=3.16+(3.18-3.16)\div(1+14.84\div18.48)=3.17\text{m/s}$$

附　　录

附录1　算图的基本知识

(1) 三点共线的条件

如附图1-1所示，在直角坐标中有三条曲线 v、u 和 t，三线上分别有任意三点，坐标是 (x_1, y_1)、(x_2, y_2) 和 (x_3, y_3)。三点构成的三角形面积为

$$A = \frac{1}{2}[(y_1+y_2)(x_2-x_1)+(y_2+y_3)(x_3-x_2)-(y_3+y_1)(x_3-x_1)]$$

上式也可以用行列式表示：

$$A = \frac{1}{2}\begin{vmatrix} x_1 & y_1 & 1 \\ x_2 & y_2 & 1 \\ x_3 & y_3 & 1 \end{vmatrix}$$

若三角形的三个顶点在一直线上，则三角形的面积 $A=0$，即三点共线的必要条件为

$$\begin{vmatrix} x_1 & y_1 & 1 \\ x_2 & y_2 & 1 \\ x_3 & y_3 & 1 \end{vmatrix} = 0 \tag{附1-1}$$

(2) 由两平行图尺和一曲线图尺构成的算图

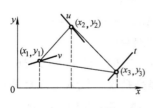
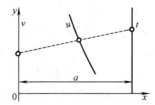

附图1-1　三点共线示图　　　　附图1-2　两直一曲算图

算图有许多种，先介绍常用以求解超越方程的一种，即由两平行图尺和一曲线图尺构成的算图。

如附图1-2所示，v 图尺与 y 轴重合；t 图尺与 v 图尺平行，间距为 a；u 图尺为曲线。

依附图1-2及式（附1-1）得关系式：

$$\begin{vmatrix} 0 & f(v) & 1 \\ f_1(u) & f_2(u) & 1 \\ a & f(t) & 1 \end{vmatrix} = 0$$

上式经展开后改写为

$$f(t) = \left[1 - \frac{a}{f_1(u)}\right] f(v) + \frac{a f_2(u)}{f_1(u)} \quad \text{(附1-2)}$$

式（附1-2）可以下式概括，成为判别可图的公式形式

$$F(t) = F_1(u) F(v) + F_2(u) \quad \text{(附1-3)}$$

作图时，应乘以 $F(t)$ 的图尺系数 b 和 $F(v)$ 的图尺系数 c，即将式（附1-3）写为

$$bF(t) = \frac{b}{c} F_1(u) \cdot cF(v) + bF_2(u)$$

上式与式（附1-2）相比较

$$f(t) = bF(t), f(v) = cF(v)$$

$$1 - \frac{a}{f_1(u)} = \frac{b}{c} F_1(u), \frac{a f_2(u)}{f_1(u)} = bF_2(u)$$

解得

$$f_1(u) = \frac{ac}{c - bF_1(u)}, f_2(u) = \frac{bcF_2(u)}{c - bF_1(u)}$$

则各图尺方程为

$$\left. \begin{array}{l} x_v = 0, y_v = cF(v) \\ x_u = \dfrac{ac}{c - bF_1(u)} = \dfrac{a}{1 - \dfrac{b}{c} F_1} (\text{简式}), y_u = \dfrac{bcF_2(u)}{c - bF_1(u)} = \dfrac{bF_2}{1 - \dfrac{b}{c} F_1} (\text{简式}) \\ x_t = a, y_t = bF(t) \end{array} \right\} \quad \text{(附1-4)}$$

（3）由两平行图尺和两组曲线图尺构成的算图

附图 1-3 表示四变量 v、t、u 和 w 构成的算图，v 图尺与 y 轴重合，t 图尺与 y 轴平行，u_1、u_2……u_n 及 w_1、w_2……w_n 为 $u-w$ 网线图。其图尺方程推导过程类似于推导式（附1-4），只是将 $F_1(u)$ 及 $F_2(u)$ 换成 $F_1(u, w)$ 及 $F_2(u, w)$。

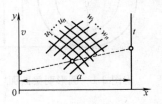

附图 1-3 网线算图

依式（附1-3），可图公式形式为

$$F(t) = F_1(u, w) F(v) + F_2(u, w) \quad \text{(附1-5)}$$

图尺方程为

$$\left. \begin{array}{l} x_v = 0, y_v = cF(v) \\ x_{u,w} = \dfrac{ac}{c - bF_1(u,w)} = \dfrac{a}{1 - \dfrac{b}{c} F_1} (\text{简式}), y_{u,w} = \dfrac{bcF_2(u,w)}{c - bF_1(u,w)} = \dfrac{bF_2}{1 - \dfrac{b}{c} F_1} (\text{简式}) \\ x_t = a, y_t = bF(t) \end{array} \right\}$$

$$\text{(附1-6)}$$

附录 2 提高图算精度的方法——弦位法

设有方程 $f(x) = 0$，$f(x_1)$ 与 $f(x_2)$ 异号，在区间 $[x_1、x_2]$ 上，$f(x)$ 连续，则方程在此区间有一个实根。当 x 取值范围很窄时，函数相应的曲线几乎可以看作是直线段，即可由弦代替曲线计算，此法称为弦位法。

由附图 2-1，$(x_2 - x_3)/(x_3 - x_1) = f(x_2)/f(x_1)$，得

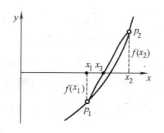

附图 2-1 弦位法示意

$$x_3 = x_1 + (x_2 - x_1) \div [1 + f(x_2) \div f(x_1)] \quad (\text{附 2-1})$$

按几何意义，$f(x_1)$ 与 $f(x_2)$ 皆以绝对值代入上式。弦位法常用于不便迭代计算的公式，例子见附录 3。

附录 3 圆形明渠最大流量和流速问题

文献 [14]、[37] 中论述圆形明渠时指出，不计粗糙系数 n 随充满度 h/D 变化的影响时，最大流量产生于 $h/D=0.95$ 处。这一结论应更改为 0.938，详述如下。由附图 3-1，水流面积 $A = \frac{1}{2}\left(\frac{D}{2}\right)^2 (\varphi - \sin\varphi)$，润周 $S = \frac{D}{2}\varphi$

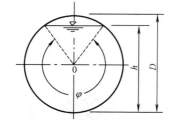

附图 3-1 圆形明渠断面

水深 $\qquad h = \frac{D}{2}\left(1 - \cos\frac{\varphi}{2}\right) \qquad$ (附 3-1)

水力半径 $\qquad R = \frac{A}{S} = \frac{D(\varphi - \sin\varphi)}{4\varphi} \qquad$ (附 3-2)

将式（附 3-2）代入满宁公式：

$$V = \frac{1}{n}R^{2/3}i^{1/2} = \frac{1}{n}\left(\frac{D}{2}\frac{\varphi - \sin\varphi}{2\varphi}\right)^{2/3}i^{1/2}$$

$$Q = VA = \frac{i^{1/2}}{2n}\left(\frac{D}{2}\right)^2\left(\frac{D}{4}\right)^{2/3}\frac{(\varphi - \sin\varphi)^{5/3}}{\varphi^{2/3}}$$

令 $\dfrac{dQ}{d\varphi} = 0$，即 $\dfrac{5}{3}(\varphi - \sin\varphi)^{2/3}(1 - \cos\varphi)\varphi^{-2/3} - \dfrac{2}{3}\varphi^{-5/3}(\varphi - \sin\varphi)^{5/3} = 0$

得 $\qquad \varphi = \dfrac{5}{3}\varphi\cos\varphi - \dfrac{2}{3}\sin\varphi \qquad$ (附 3-3)

列下表试算时，φ 以弧度计，正余弦中的 φ 以度计，1 弧度 = 57.2958°

①	② = 由式（附 3-1）计算的 φ	③ = 前项 φ 代入式（附 3-3）右端算出 φ	④ = ③ − ②
$h = 0.95D$	308.3161° = 5.3811 弧度	6.0836 弧度	0.7025
$h = 0.94D$	303.2847° = 5.2933 弧度	5.3989 弧度	0.1056
$h = 0.93D$	298.6332° = 5.2121 弧度	4.7478 弧度	−0.4643

表中④项的后两值异号，可见所求 h/D 值在 0.93 与 0.94 之间，代入式（附 2-1）计算：$h/D = 0.93 + (0.94 - 0.93) \div (1 + 0.1056 \div 0.4643) = 0.938$，相应的水力最优充满角 $\varphi = 302.3°$。

用类似算法求出 h/D 等于 0.813 时，圆形明渠有最大流速。

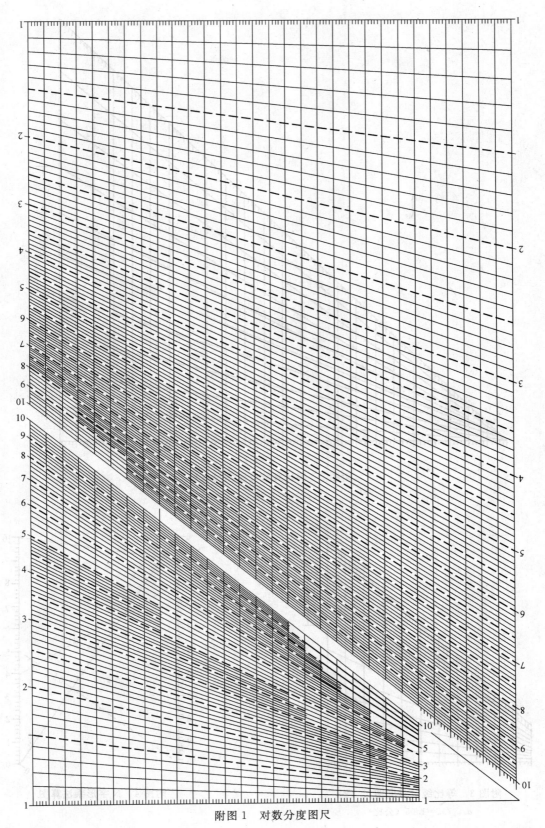

附图1 对数分度图尺

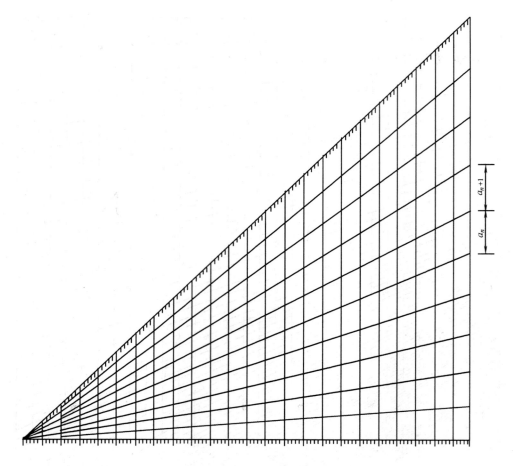

附图2 等比级数分度图尺（1）
$a_{n+1}/a_n=1.08$（公比）

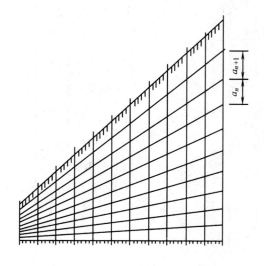

附图3 等比级数分度图尺（2）
$a_{n+1}/a_n=1.05$（公比）

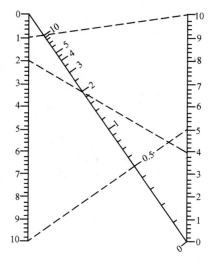

附图4 N字形乘法算图

参 考 文 献

1. 给水排水设计手册（第二版）第 1 册. 北京：中国建筑工业出版社, 2000
2. 给水排水设计手册（第二版）第 2 册. 北京：中国建筑工业出版社, 2001
3. 给水排水设计手册（第二版）第 3 册. 北京：中国建筑工业出版社, 2004
4. 给水排水设计手册（第二版）第 4 册. 北京：中国建筑工业出版社, 2002
5. 给水排水设计手册（第二版）第 5 册. 北京：中国建筑工业出版社, 2004
6. 给水排水设计手册（第二版）第 6 册. 北京：中国建筑工业出版社, 2002
7. 给水排水设计手册（第二版）第 7 册. 北京：中国建筑工业出版社, 2000
8. 汪光焘主编. 城市供水行业 2000 年技术进步发展规划. 北京：中国建筑工业出版社, 1993
9. 罗河. 图算原理. 上海中国图书仪器公司. 1953
10. H. J. 巴茨著. 数学公式手册，陆启韶等译校. 北京：科学出版社, 1987
11. 给水排水设计手册（第一版）第 1 册. 北京：中国建筑工业出版社, 1986
12. 给水排水设计手册（第一版）第 3 册. 北京：中国建筑工业出版社, 1986
13. 清华大学水力学教研组编. 水力学（下册）. 北京：高等教育出版社, 1981
14. 周善生主编. 水力学. 北京：人民教育出版社, 1980
15. 中国科学技术大学数学系编. 经验配线方法. 合肥印刷, 1973
16. 大连工学院水力学教研室编, 水力学解题指导及习题集（第二版）. 北京：高等教育出版社, 1984
17. 李序量主编. 水力学（下册）. 北京：水利电力出版社, 1990
18. 滕智明、朱金铨编著. 混凝土结构及砌体结构（上册）. 北京：中国建筑工业出版社, 1995
19. 郭继武、龚伟. 建筑结构（上册）. 北京：中国建筑工业出版社, 1991
20. 北京钢铁设计研究总院主编. 混凝土结构计算手册. 北京：中国建筑工业出版社, 1991
21. 柴金义主编. 钢筋混凝土结构. 北京：人民交通出版社, 2002
22. 杨崇永等编著. 混凝土结构工程. 北京：中国建筑工业出版社, 1993
23. M. B. 彭特柯夫士基著. 算图. 符伍儒译. 商务印书馆出版, 1957
24. 李家星、赵振兴主编. 水力学（上册）. 南京：河海大学出版社, 2001
25. 李家星、赵振兴主编. 水力学（下册）. 南京：河海大学出版社, 2001
26. 柯葵主编. 水力学. 上海：同济大学出版社, 2000
27. 莫乃榕、槐文信编著. 流体力学水力学题解. 武汉：华中科技大学出版社, 2002
28. 机械工程手册编委会编. 机械工程手册. 第 1 卷·基础理论（一）. 北京：机械工业出版社, 1982
29. 机械工程手册编委会编. 机械工程手册. 第 2 卷·基础理论（二）. 北京：机械工业出版社, 1982
30. 顾慰慈编著. 渗流计算原理及应用. 北京：中国建材工业出版社, 2000
31. 潘文涛编著. 实用图算法. 北京：冶金工业出版社, 1985
32. 徐衍忠. 舍维列夫公式简化初探. 华东给水排水. 1994 年第 3 期
33. 甘佑文编著. 列线图. 成都：四川人民出版社, 1982
34. 戴慎志主编. 城市基础设施工程规划手册. 北京：中国建筑工业出版社, 2002
35. 邓寿昌等. 吴震东公式几个理论问题的研究. 施工技术. 1996 年第 10 期
36. 华东水利学院主编. 水工设计手册（第一卷）. 北京：水利电力出版社, 1983
37. 西南交通大学水力学教研室编. 水力学（第三版）. 北京：高等教育出版社, 1984
38. ［日］椿东一郎、荒木正夫合著. 水力学解题指导（上册）. 杨景芳主译. 北京：高等教育出版社, 1984
39. H. B. Fine 著. 范氏大代数. 骆师曾等译校. 世界书局出版, 1946
40. 华东水利学院. 水力学（上册）. 北京：科学出版社, 1984